John Imbrie, Geologe und Ozeanograph, lehrt Ozeanographie an der Brown-Universität und an der Universität von Rhode Island und ist Mitglied der National Academy of Sciences.

Katherine Palmer Imbrie, die Tochter von John Imbrie, war wissenschaftliche Assistentin am Museum für Wissenschaften in Boston und arbeitet am Wheaton College, Massachusetts.

Vollständige Taschenbuchausgabe
Droemersche Verlagsanstalt Th. Knaur Nachf. München
Lizenzausgabe mit freundlicher Genehmigung des
Econ Verlags, Düsseldorf und Wien
Copyright © 1981 der deutschen Ausgabe by Econ Verlag GmbH,
Düsseldorf und Wien
Titel der Originalausgabe »Ice Ages«
Copyright © 1979 by John Imbrie and Katherine Palmer Imbrie
Aus dem Amerikanischen von Kurt Simon
Umschlagfoto Norbert Dallinger
Druck und Bindung Ebner Ulm
Printed in Germany · 1 · 10 · 983
ISBN 3-426-03708-4

1. Auflage

John Imbrie
Katherine Palmer Imbrie:
Die Eiszeiten

Naturgewalten verändern unsere Welt

Mit 52 Abbildungen

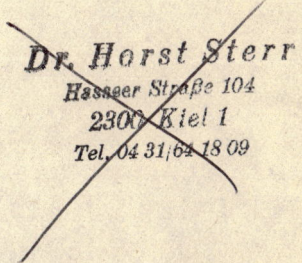

INHALT

Vorwort ——————————————————————— 7
Prolog: Die vergessene Eiszeit ——————————————— 9

I. TEIL – DIE ENTDECKTE EISZEIT ————————— 15

1 Louis Agassiz und die Gletschertheorie ————————— 17
2 Der Triumph der Gletschertheorie ——————————— 33
3 Erforschung der Eiszeitwelt —————————————— 51

II. TEIL – ERKLÄRUNG DER EISZEITEN ——————— 65

4 Das Eiszeitproblem —————————————————— 67
5 Die Entstehung der Astronomischen Theorie —————— 77
6 Die Astronomische Theorie von James Croll —————— 87
7 Debatte über Crolls Theorie —————————————— 103
8 Durch ferne Welten und Zeiten ———————————— 113
9 Die Milankovich-Kontroverse ————————————— 133
10 Das Meer und die Vergangenheit ——————————— 147
11 Pleistozän-Temperaturen ——————————————— 161
12 Das Wiederaufleben der Milankovich-Theorie ————— 169
13 Signal von der Erde —————————————————— 177
14 Pulsschlag des Klimas ————————————————— 185
15 Schrittmacher der Eiszeiten —————————————— 195

III. TEIL – EISZEITEN DER ZUKUNFT _____ 211

16 Die nächste Eiszeit _____ 213
Epilog – Die letzte Milliarde Jahre des Klimas _____ 227

Chronologie der Entdeckungen _____ 231

Empfohlener Lesestoff _____ 238
Literaturverzeichnis _____ 239
Verzeichnis der Abbildungen _____ 249
Personen- und Sachregister _____ 251

VORWORT

Dieses Buch erzählt die Geschichte der Eiszeiten – wie sie waren, warum sie eintraten, und wann die nächste erfolgen wird.

Es ist eine Geschichte der wissenschaftlichen Entdeckungen und somit ein Buch über Menschen – über die Astronomen, Geochemiker, Geologen, Paläontologen und Geophysiker aus einem Dutzend Länder, die sich fast eineinhalb Jahrhunderte lang um eine Lösung des Eiszeitenrätsels bemüht haben.

Wir stehen in der Schuld vieler Leute wegen ihres Rates und der Hilfe bei der Vorbereitung dieses Buches. Besonders möchten wir Vasko Milankovich danken, der uns viel über seinen Vater erzählt hat. Tatomir P. Angelitch von der Serbischen Akademie der Wissenschaften und Künste war so freundlich, uns eine vollständige Liste der Veröffentlichungen von Milankovich zu überlassen. Gordon Craig von der Universität von Edinburgh half uns bei der Suche nach Informationen über James Croll. Die Forschungen von Albert V. Carozzi von der Universität von Illinois waren von unschätzbarem Wert hinsichtlich der frühen Entwicklung der Gletschertheorie. Catherine Krause spürte versteckte Quellen auf, die für dieses Buch sehr nützlich waren. Viele Leute teilten uns ihre persönlichen Erinnerungen mit. Dazu zählten William A. Berggren, Wallace S. Broecker, Rose Marie Cline, Cesare Emiliani, Samuel Epstein, David B. Ericson, Rhodes W. Fairbridge, James D. Hays, George J. Kukla, Robley K. Matthews, Neil D. Opdyke, Nicholas J. Shackleton und Manik Talwani.

Rosalind M. Mellor schrieb das Manuskript und hielt mit Adleraugen Ausschau nach Widersprüchen. Terry A. Peters half ihr dabei. Barbara Z. Imbrie las als erste das Manuskript bewußt kritisch und machte viele nützliche Vorschläge. Das Wissenschaftliche Museum in Boston war so freundlich, Katherine Urlaub zu geben, damit dieses Buch geschrieben werden konnte.

Schließlich möchten wir dem Herausgeber, Ridley Enslow, unseren Dank für seinen Rat und Zuspruch ausdrücken. Zum großen Teil haben seine Begeisterung und sein Interesse dieses Buch entstehen lassen.

Seekonk, Massachusetts
Juni 1978

J.I.
K.P.I.

PROLOG
DIE VERGESSENE EISZEIT

Vor 20 000 Jahren wurde die Erde von unbarmherzig vordringenden Eisfronten besetzt gehalten – Eis, das seine Macht aus kalten Bollwerken im Norden bezog und südwärts strömte, wo es Wälder, Felder und Berge unter sich begrub. Landschaften, denen von den langsam vordringenden Gletschern Gewalt angetan wurde, sollten ihre Narben weit in die Zukunft hineintragen. Die Temperaturen stürzten, und in vielen Teilen der Welt wurde die Oberfläche des Landes von dem unerbittlichen Gewicht des schiebenden Eises zusammengepreßt. Gleichzeitig wurde zur Bildung dieser gigantischen Gletscher so viel Wasser aus dem Ozean abgezogen, daß die Meeresspiegel auf der ganzen Welt um etwa 100 Meter fielen und weite Gebiete der Kontinentalsockel trockenes Land wurden.

Diese Periode der Erdgeschichte wird Eiszeit genannt. In Nordamerika breitete sich das Gletschereis von Zentren nahe der Hudson Bay aus und begrub ganz Ostkanada, Neuengland und einen großen Teil des Mittelwestens unter einer Eisschicht, die im Schnitt mehr als 1600 Meter mächtig war. Eine zweite Eisschicht breitete sich von Zentren in den kanadischen Rocky Mountains und anderen Hochländern des westlichen Nordamerikas aus, um schließlich Teile von Alaska, Washington, Idaho und Montana sowie ganz Westkanada zu verschlingen. In Europa dehnte sich das Eis von Skandinavien und Schottland aus, bis es den größten Teil von Großbritannien, Dänemark sowie große Teile des nördlichen Deutschlands, Polens und der Sowjetunion bedeckte. Eine kleinere

Eiskappe (Zentrum: die Alpen) begrub die ganze Schweiz und nahe gelegene Teile von Österreich, Italien, Frankreich und Deutschland unter sich. Auf der südlichen Hemisphäre entwickelten sich kleine Eisschichten in Australien, Neuseeland und Argentinien. Insgesamt bedeckte das Eis etwa 28,5 Millionen Quadratkilometer Land, das heute eisfrei ist.

Unmittelbar südlich dieser großen Eisschichten der nördlichen Hemisphäre bestand die Landschaft aus baumloser Tundra. Während der kurzen und kühlen Sommer wuchsen hier im sumpfigen Boden Heidekraut und andere winterfeste, langsam wachsende Pflanzen. Wandernde Herden von Rentieren und Mammuts weideten auf dieser üppigen Pflanzendecke während der Sommermonate und zogen im Winter südwärts, auf der Suche nach einladenderem Weideland. In Nordamerika war die Tundra nur ein schmaler Landgürtel, der die Eisdecken im Norden von den bewaldeten Gebieten im Süden trennte. Im östlichen Teil des Kontinents wuchsen Rottannen in einem zusammenhängenden Wald; im trockeneren Mittelwesten folgten die Bestände an Rottannen den Flußläufen, während dazwischen staubiges Grasland lag.

In Europa und Asien war der Tundragürtel breiter als in Nordamerika und machte nur allmählich einem riesigen halbdürren Grasland Platz, das sich von Horizont zu Horizont erstreckte – über zwei Kontinente hinweg, von der Atlantikküste Frankreichs durch Zentraleuropa bis hin zum östlichen Sibirien.

Die Jäger der Steinzeit, den Mammut- und Rentierherden folgend, konnten den südlichen Rand der Eisdecke ausmachen. Während die Kälte ihre Kleidung aus Rentierhaut durchdrang und der Wind aus dem Norden ihre Gesichter peitschte, war es für diese Leute schwierig, sich vorzustellen, daß ihre Nachfahren einmal eine ganz andere Welt als die ihre bewohnen würden.

Und doch gab es tatsächlich ein Ende der Eiszeit. Vor etwa 14 000 Jahren begannen die Eisdecken zurückzuweichen. Innerhalb von 7000 Jahren hatten sie sich auf ihre derzeitigen Grenzen zurückgezogen. Alles, was heute von den Eisschichten auf der nördlichen Hemisphäre übriggeblieben ist, sind die Eisdecke auf Grönland und einige Eiskappen in der kanadischen Arktis. Wo heute Farmer in Iowa Mais und in Dakota Weizen ernten, bahnten sich einst kilometerhohe Gletscher ihren Weg über das Land. Und wo heute in Europa Wälder stehen, erstreckten sich einst baumlose Ebenen bis zum Horizont.

Als die Gletscher abschmolzen, war die von ihnen freigegebene Landschaft weitgehend verändert – eine Landschaft, übersät mit Spuren ihres Gletscherursprungs. In den nördlichen Regionen hatten die Eisschichten tiefe Rillen in den gewachsenen Fels gegraben, während sie sich über den darunterliegenden Boden schoben und dabei Stücke und Brocken erodierten Materials schluckten. Dieses Material war dann nach außen an die Ränder der Eisdecken transportiert worden, wo es als wirres Gemisch deponiert wurde, das wir als Moräne kennen (Abb. 2).

Während sich die Eisschichten zurückzogen, begann die menschliche Erinnerung an sie zu schwinden. Das sogenannte Rassengedächtnis – falls es überhaupt ein solches gibt – muß unvollständig sein, denn die Welt der steinzeitlichen Jäger war bald vergessen. Sogar die von den großen Eisschichten zurückgelassenen Spuren wurden falsch interpretiert. Im 18. Jahrhundert vermuteten die Geologen, die Schicht aus Gletschersedimenten sei von der in der Bibel beschriebenen Sintflut transportiert und deponiert worden. Erst in den frühen Jahren des 19. Jahrhunderts begannen einige Wissenschaftler, diese Erklärung anzuzweifeln.

Waren Wassermengen – auch wenn es sich um göttlich inspirierte Fluten handelte – wirklich fähig, gigantische Felsbrocken über Hunderte von Kilometern zu transportieren, oder war irgendeine andere wirkende Kraft dafür verantwortlich?

Abb. 1 Die Erde heute (links) und während der letzten Eiszeit (rechts). Vor 20 000 Jahren bedeckten riesige Eisschichten Teile von Nordamerika, Europa und Asien; die Oberflächenwasser der Arktis und Teile des nordatlantischen Ozeans waren gefroren; der Meeresspiegel war etwa 100 Meter niedriger als heute. Viele Abschnitte

des Kontinentalsockels, einschließlich eines Korridors zwischen Asien und Nordamerika, wurden zu trockenem Land. (Zeichnung von Anastasia Sotiropoulos nach Informationen, die von George Denton und anderen Mitgliedern des CLIMAP-Projekts zusammengetragen wurden.)

Abb. 2 Gletscherablagerungen auf Cape Ann, Massachusetts: Die Landschaft ist typisch für einstmals von Eisschichten bedeckte Gebiete (nach J. D. Dana, 1894).

I. TEIL
DIE ENTDECKTE EISZEIT

1
Louis Agassiz und die Gletschertheorie

Nur wenige Einwohner der Stadt Neuchâtel in der Schweiz waren am Morgen des 26. Juli 1837 um 4 Uhr 15 wach. Hätten sie hinausgesehen, so hätten sie eine lange Reihe stabil gebauter Kutschen beobachten können, die langsam durch die mit Kopfstein gepflasterten Straßen ihrer verschlafenen Stadt rumpelten. Tatsächlich waren sich nur sehr wenige Leute des Umstands bewußt, daß drei der geachtetsten Wissenschaftler jener Tage sich die erste und schönste Kutsche teilten, die von vier Schimmeln gezogen wurde.

Leopold von Buch – dessen graues Haar und vornübergebeugte Gestalt seine grenzenlose Energie nicht verrieten – starrte düster auf den Boden der schaukelnden Kutsche. Jean Baptiste Elie de Beaumont – aufrecht und trotz der unchristlichen Stunde sorgsam gekleidet – starrte kühl zu den eisbedeckten Spitzen der Alpen empor, 80 Kilometer jenseits der Schweizer Ebene, und auf den sie umgebenden, etwas freundlicher anmutenden Jura. Der dritte Fahrgast in der Kutsche – ein dunkelhaariger, breitschultriger junger Mann mit strahlendem, wißbegierigem Blick – schaute aus dem Fenster und dachte grimmig, daß nur Elie de Beaumonts Haltung mit der eisigen Distanziertheit der Alpenspitzen rivalisieren konnte, die die Karawane ratternder Kutschen nicht beachteten.

Elie de Beaumonts kühles Verhalten verwirrte den jungen Mann. Denn Louis Agassiz mit seinem wachen Verstand fand es unbegreiflich, daß ein Wissenschaftler vom Rang Elie de Beaumonts die Bedeutung dieser Reise durch die Bergwelt des Jura offenbar nicht erfaßte.

Vor zwei Tagen hatte die Schweizer Gesellschaft für Naturwissenschaften ihre Jahresversammlung in Neuchâtel abgehalten, und der junge Präsident der Gesellschaft, Louis Agassiz, hatte seine gelehrten Kollegen mit einer Abhandlung überrascht, die sich nicht – wie es die hervorragenden Mitglieder der Gesellschaft erwartet hatten – mit den kürzlich im fernen Brasilien gefundenen fossilen Fischen befaßte, sondern mit den zerkratzten und facettierten Felsbrocken, die verstreut in den Jura-Bergen um Neuchâtel herumlagen (Abb. 3). Agassiz argumentierte, diese Findlingsblöcke (Felsstücke, die willkürlich an Orten auftauchen, die weit entfernt sind von der Ursprungsgegend) könnten nur als Beweis vergangener Vergletscherung interpretiert werden – also einer uralten Eiszeit.

So begann ein Disput – einer der heftigsten in der Geschichte der Geologie – der mehr als ein Vierteljahrhundert anhalten sollte und mit der allgemeinen Anerkennung der Eiszeittheorie endete. Obwohl die Theorie einer Eiszeit nicht mit Agassiz begann, diente seine umstrittene Abhandlung (später bekannt als »The Discourse of Neuchâtel«) doch dazu, die Gletschertheorie aus der wissenschaftlichen Unverständlichkeit in das Blickfeld der Öffentlichkeit zu rücken.

Als Präsident einer Schweizer Gesellschaft befand Agassiz sich in einer idealen Position, um seine Theorie der Elite der wissenschaftlichen Welt des 19. Jahrhunderts zu präsentieren. Er war jedoch nur ein Glied in einer Kette, die schließlich zur allgemeinen Anerkennung der aufsehenerregenden Theorie führte, nach der einmal ein Meer aus Eis große Gebiete des Globus bedeckt hatte.

Diese Theorie, anfangs von den namhaftesten Wissenschaftlern jener Zeit abgelehnt, wurde bereits seit langem von vielen Schwei-

Abb. 3 Zerkratzter Stein aus einer Gletscherablagerung in Europa. Steinblöcke dieser Art sind allen vergletscherten Landschaften gemeinsam (nach J. Geikie, 1877).

zern, die in den Bergen lebten und arbeiteten und so tagtäglich mit Zeugnissen einer früheren ausgedehnten Vergletscherung in Berührung kamen, als Tatsache anerkannt. Einige bekannte Wissenschaftler und Naturforscher wurden schon früh für diese Theorie gewonnen, doch fehlten diesen wenigen die Möglichkeiten zur gründlichen wissenschaftlichen Arbeit.

Schon 1787 sah Bernard Friedrich Kuhn, ein Schweizer Geistlicher, in den örtlichen Findlingsblöcken den Beweis für eine ehemalige Vergletscherung. Sieben Jahre später besuchte James Hutton – der schottische Geologe, den viele heute für den Vater der geologischen Wissenschaft halten – den Jura und kam zu den gleichen Schlußfolgerungen wie Kuhn. Im Jahre 1824 entdeckte Jens Esmark Spuren früherer Gletscher in Norwegen. Esmarks Auffassung war Reinhard Bernhardi, einem deutschen Professor der Naturwissenschaften, bekannt, der dann später eigene Beobachtungen machte. Bernhardi veröffentlichte 1832 einen Artikel, in dem er behauptete, einst hätte sich eine Polareiskappe über Europa ausgebreitet, die bis Mitteldeutschland gereicht habe. Viele dieser frühen Pioniere entwickelten ihre Ideen übrigens völlig unabhängig voneinander durch persönliche Beobachtung und Schlußfolgerung.

Findlinge als Ablagerung einer großen Überschwemmung: Das war jedoch so tiefgreifend, daß es keinem dieser Männer gelang, seine revolutionären Ideen in weiten Kreisen bekanntzumachen. Es bedurfte erst der vereinten Bemühungen einiger der größten wissenschaftlichen Geister jener Zeit – und das über eine Zeitspanne von 25 Jahren hinweg –, um die etablierte Theorie zu widerlegen.

Es überrascht keineswegs, wenn in einem derart religiös geprägten Zeitalter Wissenschaftler und Laien gleichermaßen glaubten, diese Blöcke seien von unvorstellbar riesigen Strömen von Wasser und Schlamm, die von der biblischen Sintflut zu Noahs Zeit herrührten, transportiert worden. Diese Theorie wurde jedoch einer Revision unterzogen, und als Agassiz 1837 seine Theorie vor der Schweizer Gesellschaft für Naturwissenschaften erläuterte, war noch allgemein gültig, was von dem englischen Geologen Lyell 1833 entwickelt worden war. Lyell behauptete, die eigentlichen Kräfte seien die mit Blöcken beladenen Eisberge und Eisschollen gewesen, die in der Großen Flut einhergetrieben worden seien.

Die Kette von kreativen Denkern und glücklichen Umständen, die zu Agassiz' Darstellung in Neuchâtel führte, begann mit Jean-Pierre Perraudin, einem Bergbewohner aus den südlichen Schweizer Alpen. Perraudin lebte von der Jagd auf Gemsen nahe bei Lourtier in Val de Bagnes. Aufgrund eigener Beobachtungen kam er bereits 1815 zu dem Schluß, daß die Gletscher, die damals nur den höheren südlichen Teil des Val de Bagnes einnahmen, einst das ganze Tal ausgefüllt haben mußten. Er schrieb:

»Nachdem ich schon vor langer Zeit Kerben und Kratzer auf harten, nicht verwitternden Felsen entdeckt hatte, kam ich schließlich zu der Folgerung – nachdem ich nahe an die Gletscher herangegangen war –, daß sie vom Druck oder Gewicht dieser Massen verursacht worden waren, von denen ich Spuren mindestens bis Champsec gefunden habe. Ich glaube daher, daß in der Vergangenheit Gletscher das ganze Val de Bagnes ausfüllten, und ich bin bereit, diese Tatsache ungläubigen Leuten durch den offensichtlichen Beweis zu demonstrieren, indem ich diese Markierungen mit jenen vergleiche, die heute von Gletschern freigegeben werden.«

Im Jahre 1815 teilte Perraudin seine Ideen Jean de Charpentier mit, einem Naturforscher, der später zu einem wichtigen Verfechter der Gletschertheorie wurde. Beeindruckt von den Beobachtungen des Bergsteigers – wenn auch noch nicht überzeugt –, schrieb de Charpentier:

»Wenn auch Perraudin seinen Gletscher nur um 24 Meilen über seine derzeitige Zunge hinaus bis Martigny verlängerte, weil er selbst niemals über jene Stadt hinausgekommen war, und wenn ich auch über die Unmöglichkeit des Transports von Findlingsblöcken durch Wasser mit ihm übereinstimmte, so fand ich seine Hypothese doch so außergewöhnlich, ja sogar so übertrieben, daß ich sie nicht einer Untersuchung oder nur einer Betrachtung für wert hielt.«

Irgendwann während der nächsten drei Jahre sollte Perraudin aber doch in der Person des Ignace Venetz, eines Straßen- und Brückenbauingenieurs, einen verständnisvollen Zuhörer finden. Von 1815 bis 1818 verbrachte Venetz in Verbindung mit seiner Arbeit einen großen Teil der Zeit im Val de Bagnes. Während dieser Zeitspanne führte er viele Diskussionen mit Jean-Pierre Perraudin über das Thema Gletscher. Es war eine historische und glückliche Verbindung.

Venetz konnte freilich nur zögernd Perraudins Theorien übernehmen. Im Jahre 1816 schnitt er das Thema »Gletscher« auf der Jahresversammlung der Schweizer Gesellschaft für Naturwissenschaften an, doch nur um einige Gedanken über Gletscherbewegungen zu erläutern und zu beschreiben, wie sich längliche Ansammlungen von Felstrümmern (Moränen) entlang der Oberfläche von Gletschern bilden (Abb. 4). Fünf Jahre später zögerte Venetz noch immer, sich völlig der Gletschertheorie zu verschreiben. In einer Denkschrift aus dem Jahre 1821 (bis 1833 nicht veröffentlicht) stellte er fest, er habe mehrere Kammlinien von Felstrümmern etwa fünf Kilometer jenseits des Endpunktes des Flesch-Gletschers entdeckt, und behauptete, diese Ablagerungen seien Moränen, die dieser Gletscher in früheren Zeiten zurückgelassen hätte.

Venetz entwickelte die Gedanken, die er von Perraudin übernommen hatte, erst vollständig im Jahre 1829, als er auf der Jahresversammlung der Gesellschaft im Hospiz des Großen St. Bernhard seine Schlußfolgerung formulierte, nach der riesige Gletscher sich einst von den Alpen aus nicht nur über die Schweizer Ebene und den Jura, sondern auch über weite Teile Europas erstreckt hatten. Zur Unterstützung dieser Theorie beschrieb er die Verteilung von Findlingsblöcken und Moränen und verglich diese Ablagerungen mit jenen zeitgenössischer Alpengletscher.

Abb. 4 Zermatt-Gletscher in den Schweizer Alpen, wie er auf einer von Louis Agassiz im Jahre 1840 veröffentlichten Illustration dargestellt wurde (nach A. V. Carozzi, 1967, mit Genehmigung von A. V. Carozzi und der Universität Neuchâtel).

Trotz der offenen, wenn auch lange verzögerten Darstellung Venetz' wurde die Theorie von den in der Versammlung anwesenden Wissenschaftlern allgemein ignoriert oder glatt abgelehnt. Ein Mann jedoch sah den Wahrheitsgehalt der Theorie und kam folglich Venetz zu Hilfe. Dieser Mann war Jean de Charpentier, der schon lange mit Ignace Venetz bekannt gewesen war. Als Direktor der Salzbergwerke zu Bex in der Schweiz hatte de Charpentier ein lebhaftes Interesse an Wissenschaft und Natur. Nunmehr – wie der verlorene Sohn – war er bereit, Venetz zu unterstützen und fest hinter der Theorie zu stehen, die er vor fast 15 Jahren abgelehnt hatte.

Im Verlauf der nächsten fünf Jahre (1829-1833) nutzte de Charpentier seine bemerkenswerte Energie, um das Problem der ehemaligen Vergletscherung in den Griff zu bekommen. Obwohl Venetz der erste war, der die völlig neuen Ideen von Perraudin anerkannte, war es doch de Charpentier, der der Gletschertheorie in der Wissenschaft einen unerschütterlichen Stellenwert verschaffte, indem er die sie stützenden Beweise klassifizierte. De Charpentier war aber ein reiner Wissenschaftler – ihm fehlten Eigenschaften wie »Aggressivität« und »Beharrlichkeit«, um der Gletschertheorie zum Durchbruch zu verhelfen. Der Widerstand gegen die Theorie war stark; deshalb mußte es ihre Verteidigung ebenfalls sein. Während die bekannten Wissenschaftler jener Tage unbeirrt an der etablierten Eisschollen-Theorie festhielten, die von Lyell entwickelt worden war und auf dem genauen Wortlaut der Bibel basierte, hatten viele Schweizer die Gletschertheorie längst anerkannt. Die Ironie dieser Situation traf de Charpentier mit Wucht, als er – im Begriff, vor der Versammlung der Gesellschaft in Luzern im Jahre 1834 eine Vorlesung über die Gletschertheorie zu halten – eine unerwartete Hilfe erhielt:

»Auf der Reise durch das Tal von Hasli und Lungern traf ich auf der Straße von Brunig einen Holzfäller aus Meiringen. Wir unterhielten uns und wanderten eine Weile zusammen. Als ich einen großen Felsblock aus Grimsel-Granit, der dicht am Weg lag, untersuchte, sagte er: ›Von dieser Sorte gibt es viele Steine hier herum, sie kommen aber von weither, von Grimsel, weil sie aus Geisberger (Granit) bestehen, während die Berge der Umgebung hier nicht daraus gemacht sind.‹

Als ich ihn fragte, wie diese Steine nach seiner Meinung ihren Lageort erreicht hätten, antwortete er ohne zu zögern: ›Der Grimsel-Gletscher hat sie transportiert und auf beiden Seiten des Tales abgelegt, weil dieser Gletscher in der Vergangenheit sich bis zur Stadt Bern erstreckte und Wasser sie keineswegs in solcher Höhe über dem Talboden hätte ablegen können, ohne die Seen zu füllen.‹

Dieser gute alte Mann hätte es sich nie träumen lassen, daß ich in meiner Tasche ein Manuskript trug, welches seine Hypothese bestätigte. Er war äußerst erstaunt, als er sah, wie mich seine geologische Erklärung befriedigte und ich ihm etwas Geld gab, damit er zur Erinnerung an den alten Grimsel-Gletscher und auf die Erhaltung der Brunig-Blöcke einen Schluck trinken konnte.«

Trotz des alten Holzfällers wurde die Theorie einmal mehr von der Gesellschaft in Luzern abgelehnt. Unter den Zuhörern aber – und unter denen, die die Theorie ablehnten – war Louis Agassiz.

Agassiz war de Charpentier zum erstenmal während der Schulzeit in Lausanne begegnet. Tatsächlich mag es seine große Bewunderung für de Charpentier gewesen sein, die Agassiz bei seiner Entscheidung, Naturforscher zu werden, beeinflußte. Nun, zehn Jahre später, war Agassiz selbst als einer der führenden Wissenschaftler Europas etabliert. Trotz seiner Bewunderung für de Charpentier hielt es Agassiz jedoch zunächst für unmöglich, die Gletschertheorie anzuerkennen.

Der ältere de Charpentier hatte seinen jungen Kollegen oft in sein Haus eingeladen, weil das Gebiet um Bex sich vieler Fossilien und geologischer Besonderheiten rühmen konnte, von denen er annahm, sie würden Agassiz interessieren. 1836, zwei Jahre nach de

Charpentiers Vortrag in Luzern, nahm Agassiz dessen Einladung an und verbrachte den Sommer in Bex. Zu dieser Zeit beschäftigte Agassiz sich hauptsächlich mit der Erforschung von fossilen Fischen. Obwohl Agassiz, wie die Mehrzahl der Wissenschaftler damals, Lyells Eisschollentheorie billigte, war er dennoch nicht abgeneigt, anzuerkennen, was ihm sein Freund de Charpentier an Beweisen zugunsten der Gletschertheorie zeigte. Agassiz ging nach Bex, um de Charpentier die Schwächen der Gletschertheorie zu demonstrieren. Statt dessen wurde er selbst ganz rasch bekehrt.

Der liebenswürdige de Charpentier glaubte fest daran, daß die alpinen Gletscher sich einst weit über ihre heutigen Grenzen hinaus erstreckt hatten, er hielt es aber nicht für die Pflicht eines Wissenschaftlers, auf die Veröffentlichung und Anerkennung dieser Theorie zu drängen. De Charpentier begnügte sich damit, Freunden und Kollegen, die ihn in Bex besuchten, die Fakten zu zeigen, weil er sicher war, die Theorie würde sich schließlich selbst beweisen. So kam es, daß die Gletschertheorie – entstanden aus den Beobachtungen einfacher Bauern, weiterentwickelt von Ignace Venetz und systematisiert von Jean de Charpentier – schließlich in der Person von Louis Agassiz (Abb. 5) einen energischen Fürsprecher fand.

Einmal bekehrt, war Agassiz ein schneller und begieriger Schüler. In Gesellschaft von de Charpentier und Venetz suchte er die Gletscher der Diablerets und die im Tal von Chamonix sowie die Moränen im Rhonetal auf. Die Beweise sprachen für sich, und diesmal ließ sich Agassiz überzeugen. In wenigen Wochen nahm er alles begierig auf, was de Charpentier und Venetz ihm vermittelten. Agassiz überflügelte bald seine Mentoren. Mit den von ihnen im Verlauf von sieben Jahren so mühsam gesammelten Fakten konstruierte Agassiz schnell eine umfassende Gletschertheorie, die, davon war er überzeugt, den Angriffen ihrer Gegner standhalten würde. In seiner Ungeduld, die Theorie vorzutragen, nahm Agassiz sich Freiheiten hinsichtlich de Charpentiers Arbeit heraus, die der gewissenhafte Gentleman für unverzeihlich hielt. An mehreren wichtigen Punkten ging Agassiz' erweiterte Version der Theorie weit über die verfügbaren Zeugnisse hinaus.

In seiner Begeisterung unterschätzte Agassiz den Widerstand gegen die Theorie. Seine Rede, die er am 24. Juli 1837 vor der Schweizer Gesellschaft für Naturwissenschaften hielt, war am Abend vorher in aller Eile geschrieben worden, und Agassiz war auf die ihn erwartende Reaktion schlecht vorbereitet. Die Mitglieder der Gesellschaft hatten Neuigkeiten über die Erforschung fossiler Fische durch ihren jungen Präsidenten erwartet. Sie waren recht verblüfft, als er ein völlig anderes Thema begann:

»Erst kürzlich haben zwei unserer Kollegen (de Charpentier und Venetz) durch ihre Untersuchungen eine Kontroverse mit weitreichenden Konsequenzen für Gegenwart und Zukunft hervorgerufen. Die Charakteristika des Ortes, an dem wir heute zusammengekommen sind, legen es mir nahe, wiederum über ein Problem mit ihnen zu sprechen, das nach meiner Meinung durch die Untersuchung der Hänge unseres Jura gelöst werden könnte. Ich denke da an Gletscher, Moränen und Findlingsblöcke.«

Agassiz fuhr dann fort, seine eigenen Beobachtungen und die von Venetz und de Charpentier in Einzelheiten zu beschreiben. Er führte diese Beobachtungen als Beweis dafür an, daß Massen von Gletschereis einst den Jura bedeckt hatten. Dieses Eis, sagte er, sei Teil einer riesigen Polareisdecke gewesen, die Europa bis zum Mittelmeer und auch große Teile von Nordamerika bedeckt hätte. Indem er einen Ausdruck seines Freundes Karl Schimper, eines Botanikers, übernahm, beschrieb er diese Periode der Erdgeschichte als *Eiszeit*. Vermutlich war die Eisschicht vor Entstehung der Alpen entstanden und dann während einer späteren Erhebung der Region abwärts in Richtung Jura geglitten. Die in dem Gebiet noch immer sichtbaren Findlingsblöcke und geschliffenen Felsen markierten den von diesen Eismassen eingeschlagenen Weg (Abb. 6).

Abb. 5 Ein Porträt von Louis Agassiz am Unteraar-Gletscher von Alfred Berthoud, heute in der Bibliothek der Universität von Neuchâtel (aus A. V. Carozzi, 1967, mit Genehmigung von A. V. Carozzi und der Universität von Neuchâtel).

Agassiz' Eiszeittheorie schockierte viele der Zuhörer. Tatsächlich verursachte Agassiz' »Diskurs« einen derartigen Aufruhr, daß die geplante Tagesordnung über den Haufen geworfen wurde. Eine zaghafte Seele, Amanz Gressöy, war so durcheinander, daß er überhaupt nicht mehr dazu kam, sein mitgebrachtes Manuskript über die Sedimenttheorie zu verlesen, die später zu einer bedeutsamen Ergänzung der Geologie wurde.

Agassiz gelang es mit seinem Vortrag, starke Emotionen auszulösen. In der lebhaften Diskussion, die danach in der geologischen Abteilung geführt wurde, erhitzten sich die Gemüter, und scharfe Worte fielen. Fast alle anwesenden Wissenschaftler waren gegen Agassiz.

Die Versammlung wurde am nächsten Tag fortgesetzt, als Agassiz von Beobachtungen berichtete, die er in den Bergen des Jura unmittelbar um Neuchâtel herum gemacht hatte. Er verlas auch einen Zusatz zur Theorie von Karl Schimper. Doch der Widerstand gegen diese Theorie war noch immer stark. Mit der Ankunft von Elie de Beaumont schloß die Opposition ihre Reihen.

Aggassiz war sicher, daß auch die hartnäckigsten Skeptiker nicht anders konnten – wie es ja auch ihm ergangen war –, als sich von den in den Felsen selbst vorhandenen Beweisen überzeugen zu lassen. Eine Studienfahrt in die Berge des Jura wurde für den folgenden Tag geplant, und eilig wurden für die Mitglieder der Gesellschaft Vorkehrungen getroffen, um mit Wagen von Neuchâtel nach La Chaux-de-Fonds im Herzen des Jura zu reisen. Ein belustigter Teilnehmer schrieb später:

»Im allgemeinen war ich nach meiner kurzen Bekanntschaft mit den führenden Wissenschaftlern der Gruppe überzeugt, daß zwischen ihnen eine starke Eifersucht und viel Egoismus herrschten. Während der ganzen Fahrt war Elie de Beaumont kalt wie Eis. Leopold von Buch wanderte geradeaus, die Augen auf den Boden gerichtet, brummelte über einen Engländer, der mit Elie de Beaumont über die Pyrenäen sprach, während wir

Abb. 6 Eine Darstellung geschliffenen Grundgesteins nahe bei Neuchâtel, Schweiz, von Louis Agassiz 1840 veröffentlicht. Agassiz behauptete, geschliffene und geriefte Felsflächen, die viele Kilometer von noch vorhandenen Gletschern entfernt vorkämen, seien ein deutlicher Beweis einer früheren Eiszeit (aus A. V. Carozzi, 1967, mit Genehmigung von A. V. Carozzi und der Universität von Neuchâtel).

uns doch im Jura befanden, und der sich recht aggressiv über die törichten Bemerkungen einiger Amateure beklagte, die sich der Gruppe angeschlossen hatten. Agassiz, der wahrscheinlich noch immer über die scharfe Kritik erbittert war, die von Buch über seine Gletscherhypothesen geäußert hatte, verließ die Gruppe gleich nach dem Aufbruch und wanderte ganz allein mehr als tausend Meter voraus...«

Wütend darüber, daß seine Kollegen von den Beweisen einer Vergletscherung ringsum scheinbar unbeeindruckt waren, mag sich Agassiz sicher überlegt haben, daß die lange Reise ins Gebirge, mit müden Pferden über schlechte Straßen, letzten Endes zwecklos sei.

Hatte er das wirklich gedacht, so hatte er unrecht. Denn sein »Diskurs«, der Ausflug und seine imposanten »Etudes sur les glaciers« (Untersuchungen von Gletschern, veröffentlicht 1840) sollten schließlich doch noch die Aufmerksamkeit der wissenschaftlichen Welt auf das Problem einer früheren Vergletscherung lenken. Trotz einiger Übertreibungen diente die mutige Rede, die Agassiz in Neuchâtel im Jahre 1837 gehalten hatte, einem bedeutsamen Zweck. Von diesem Zeitpunkt an konnte die Gletschertheorie nicht mehr ignoriert werden, ganz gleich, wie eindringlich seine Gegner auch dagegen argumentieren mochten.

In den Jahren danach setzte Agassiz seine Erforschung der früheren Vergletscherung fort, trotz starker Kritik seitens führender europäischer Wissenschaftler.

Im Dezember 1837 drängte Alexander von Humboldt Agassiz, zu seiner Forschungsarbeit über fossile Fische zurückzukehren: »Wenn Sie das tun«, schrieb er, »leisten Sie der positiven Geologie einen größeren Dienst als mit diesen allgemeinen Betrachtungen (außerdem auch etwas eisigen) über die Umwälzungen der primitiven Welt, Betrachtungen, die, wie Sie wohl wissen, nur jene überzeugen, die sie ins Leben rufen.«

Es sollten noch viele Jahre vergehen, bis von Humboldt zu der

Erkenntnis kam, daß Agassiz – weit davon entfernt, einem Hirngespinst nachzujagen – tatsächlich einer der ersten war, der die Wahrheit erkannte. Nun war es Agassiz' Aufgabe, andere Wissenschaftler davon zu überzeugen, daß die Erde tatsächlich eine Eiszeit durchgemacht hatte.

2
Der Triumph der Gletschertheorie

Bei seiner kühnen Phantasie und seiner lebhaften Sprache hatte Agassiz wenig Schwierigkeiten, die Aufmerksamkeit einer breiten Zuhörerschaft zu erregen. Sicherlich mußten Behauptungen wie die folgende grundsätzlich für Furore sorgen:

»Die Entwicklung dieser riesigen Eisdecken muß zur Zerstörung allen organischen Lebens auf der Erdoberfläche geführt haben. Der Boden Europas, vorher bedeckt von tropischer Vegetation und bewohnt von Herden großer Elefanten, riesiger Flußpferde und gigantischer Fleischfresser, wurde plötzlich unter einer weit ausgedehnten Eisschicht begraben, die Ebenen, Seen, Meere und Hochebenen gleichermaßen bedeckte. Die Stille des Todes folgte ... Quellen versiegten, Ströme hörten auf zu fließen, und den Sonnenstrahlen, die über jener gefrorenen Küste aufgingen ... begegnete nur das Pfeifen nördlicher Winde und das Rumpeln der Gletscherspalten, die sich in der Oberfläche jenes riesigen Ozeans aus Eis öffneten.«

Der Gedanke, eine Katastrophe von fürchterlichen Ausmaßen hätte einst das Leben auf dem ganzen Planeten ausgelöscht, war nicht neu. Tatsächlich glaubte man allgemein, die Geschichte der Erde sei in mehrere Epochen unterteilt, von denen jede in einer Katastrophe geendet hätte, die groß genug war, um vorhandene Schichten von Sediment und Felsen zu verformen, Überschwemmungen unglaublichen Ausmaßes auszulösen, Berge anzuheben und alles Pflanzen- und Tierleben auf dem Planeten auszulöschen. Zu Beginn jeder folgenden Epoche, so nahm man an, wurde der verwüsteten Welt neues Leben eingehaucht – Leben, das nur bis zum Eintritt der nächsten verheerenden Umwälzung andauerte.

Im 18. und 19. Jahrhundert war Katastrophismus die dominierende geologische Philosophie, weil sie sehr gut die versteinerten

Tierüberreste erklärte, die von den Geologen immer wieder ausgegraben wurden. Die Tatsache, daß diese Vorstellung die fossilen Funde erklärte, ohne Gottes Wort, wie es im Alten Testament niedergeschrieben war, zu unterminieren, machte ihn um so unerschütterbarer.

Es schien für Wissenschaftler wie für Laien gleichermaßen offensichtlich, daß die große, die Erde entvölkernde Flut, die nur Noah mit seiner Arche voller Tiere überlebte, tatsächlich jene Katastrophe war, die die letzte Epoche sozusagen ertränkte und unsere heutige einleitete. Als zum Beispiel im Jahre 1706 in einem Torfmoor in der Nähe von Albany, New York, der riesige versteinerte Zahn eines Mastodons ausgegraben wurde, dachte man an einen der unglücklichen und sündigen Menschen, die die Erde vor der Sintflut bewohnt hatten. Governor Dudley von Massachusetts untersuchte das Exemplar und schickte es dann an den Prediger Cotton Mather in Boston:

»Ich nehme an, alle Chirurgen in der Stadt haben ihn gesehen, und ich bin völlig der Meinung, daß es ein menschlicher Zahn ist. Ich habe ihn vermessen, und aufrecht stehend war er 6 Zoll minus 1/8 hoch (etwa 15 cm), und im Umfang maß er 13 Zoll minus 1/8 (etwa 32,5 cm), und auf der Waage betrug sein Gewicht zwei Pfund und vier Unzen Troygewicht (etwa 830 g) ... Ich bin völlig der Meinung, daß der Zahn nur zu einem menschlichen Körper paßt, dem die Flut nur noch ein Begräbnis bereiten konnte; und zweifelsohne watete er so lange, wie er seinen Kopf über Wasser halten konnte, doch schließlich mußte er mit allen anderen Kreaturen vernichtet werden, und die neuen Ablagerungen nach der Flut transportierten ihn dorthin, wo wir ihn jetzt entdeckt haben.«

Und 20 Jahre später entdeckte Johan Scheuchzer in der Schweiz eine Ansammlung fossiler Knochen, und zwar in den Ablagerungen eines früheren Sees. Er kam zu dem Schluß, es seien die Überreste eines vordiluvianischen Mannes, der in der Sintflut umkam.

Scheuchzer veröffentlichte ein Buch mit dem Titel *Homo diluvii testis* (»Der Mann, der die Sintflut sah«). Nahezu ein Jahrhundert verging, bis der große französische Anatom Baron George Cuvier die Knochen untersuchte und sie endlich als die eines riesigen, heute ausgestorbenen Salamanders identifizierte. Agassiz selbst hatte die Lehre vom Katastrophismus gefördert, und zwar durch seine wunderbar genauen Abbildungen von fossilen Fischen und anderen ausgestorbenen Tieren, von denen man annahm, sie hätten in früheren Epochen gelebt. Auf diese Weise bestritt Agassiz – indem er also eine Eiszeit an die Stelle einer Flut setzte – zwar die etablierte Auffassung von der Natur der letzten großen Katastrophe, jedoch nicht den Glauben an das Vorkommen einer Katastrophe.

Ein starker Verfechter der Sintfluttheorie – und ein wichtiger Verbündeter Agassiz', falls er überzeugt werden konnte – war der Reverend William Buckland aus England. Seit der die Professur für Mineralogie und Geologie 1820 in Oxford übernommen hatte, war Buckland zum respektierten Geologen geworden. Wie Agassiz hatte er einen feinen Instinkt für Vorlesungen und erregte Unruhe, wo immer er sprach. Sogar in Oxford, einer Universitätsstadt, die viele Exzentriker beherbergte, war Buckland bekannt für die Kraft seiner Persönlichkeit und Originalität seines Verhaltens. Seine Arbeitszimmer waren bis zu den Dachsparren angefüllt mit einem Wirrwarr von Gesteinsbrocken, Schädeln und Skeletten, was in der ganzen Universität bekannt war. Buckland hielt es für zweckdienlich, geologische Lagerstätten in ihrer natürlichen Umgebung zu betrachten. Bei diesen Ausflügen trug er seine akademische Robe und einen schmucken Zylinder – eine Gewohnheit, die ohne Zweifel zu seiner Popularität auf dem Campus beitrug. Doch trotz seiner Exzentrizität war Buckland ein pflichtbewußter, respektierter Wissenschaftler. Die meisten führenden Geologen in England, Charles Lyell nicht ausgenommen, betrachteten sich als seine Schüler.

Buckland war ein glühender Katastrophist. In seiner Einführungsvorlesung in Oxford, »The Connexion of Geology With Religion Explained« (Die Erklärung der Verbindung von Geologie und Religion) argumentierte er, daß es das Ziel der Geologie sein müsse, »die Zeugnisse der Naturreligion zu bestätigen; und aufzuzeigen, daß die durch sie entwickelten Fakten mit den Berichten über die Schöpfung und die Sintflut in den Mosaischen Schriften übereinstimmen«. Er war auch der erste Wissenschaftler, der meistens mit der Untersuchung der unregelmäßigen Anhäufungen von Kies, Sand, Ton und großen Felsbrocken beschäftigt war, die große Flächen von Grundgestein in England bedecken. Es war Bucklands Ziel, genau zu bestimmen, wie sich diese scheinbar chaotische Ablagerung gebildet hatte. Wenn es auch nach seiner Ansicht keinen Zweifel darüber gab, daß eine Flut die wirkende Kraft gewesen war, die diese Ablagerungen zurückgelassen hatte, so blieben doch noch viele Fragen offen, die einer Antwort bedurften. Wie, genau, hatte die Flut derart riesige Mengen von Trümmern transportiert? Buckland billigte die traditionelle Auffassung, nach der Wasserfluten allein ausreichen, um das Diluvium herbeizuführen (so nannten es die Anhänger dieser Theorie). Teilweise neigte Buckland zu dieser Auffassung, weil sie mit der biblischen Version übereinstimmte. Er war aber auch überzeugt, daß diese Aufzeichnung von Zeugnissen gestützt wurde, die in den Ablagerungen selbst enthalten waren.

Im Jahre 1821 war eine große Anzahl von seltsamen Knochen in einer Höhle im Tal von Pickering entdeckt worden. Buckland reiste sofort nach Yorkshire. Er stellte fest, daß die meisten Knochen von Hyänen stammten; verstreut gab es Knochen von 23 anderen Spezies, einschließlich Vögel, Löwen, Tiger, Elefanten, Rhinozerosse und Flußpferde.

Buckland kam zu dem Schluß, die Höhle sei ein vordiluvianischer Hyänenbau gewesen, der während der Sintflut unter Wasser gesetzt worden war. Er behauptete, so wie die Knochen mit Schlamm bedeckt gewesen seien, seien die Tiere ertrunken. Aus der Anzahl der nachdiluvianischen Stalagmiten, die den Boden der Höhle bedeckten, schloß er, daß die Flut vor 5000 oder 6000 Jahren eingetreten war – ein Zeitpunkt, wie er selbst bemerkte, der völlig mit den genealogischen Aufzeichnungen in der Bibel übereinstimmte.

Buckland veröffentlichte seine Entdeckungen in einem dem Bischof von Durham gewidmeten Buch: »Reliquiae Diluvianae; or, Observations on the Organic Remains Contained in Caves, Fissures, and Diluvial Gravel, and on Other Geological Phenomena, Attesting the Action of a Universal Deluge« (1823). (Bemerkungen über die in Höhlen, Spalten und diluvialem Sand enthaltenen organischen Überreste sowie über andere geologische Phänomene, die das Einwirken einer allumfassenden Sintflut bestätigen.) In diesem monumentalen Werk waren auch die Ergebnisse von Bucklands Untersuchungen in mindestens 20 über England und Europa verstreuten Höhlen enthalten. Mit dem Buch gewann Buckland die »Copley Medal der Royal Society«, und es machte ihn in geologischen Kreisen berühmt.

Da keine dieser vordiluvianischen Höhlen menschliche Überreste enthielt, folgerte Buckland, die menschliche Spezies sei vor gar nicht so langer Zeit erschaffen worden. Er war deshalb erschüttert, als das Skelett einer Frau – rostrot gefärbt und verziert mit Elfenbeinstücken – in den Ablagerungen einer Höhle in Paviland, an der Südküste von Wales, gefunden wurde. Vielen schien es, als stünde dieses Skelett in unmittelbarem Widerspruch zu einem der Hauptgrundsätze der Fluttheorie.

Es war Buckland jedoch möglich, die Existenz des Skeletts mit dem Hinweis zu erklären, es sei in den obersten Schichten der Sedimentfolge eingeschlossen worden. Außerdem seien in der Nähe Überreste eines Lagers aus der Römerzeit zu finden. Indem er zwei und zwei addierte und einen Schauder des Mißfallens unterdrückte, schrieb Buckland: »Der Umstand, daß ein britisches Lager auf dem Hügel unmittelbar über der Höhle existierte, scheint viel Licht auf den Charakter und die Liebhaber der fraglichen Frau zu werfen; und was auch immer ihr Beruf gewesen sein mag, die Nachbarschaft eines Lagers würde schon ein Motiv für den Wohnsitz wie auch für die Art des Lebensunterhalts bieten.«

Andere Merkmale des Diluviums waren jedoch nicht so leicht zu erklären wie das Skelett einer Hure. Vor allem galt dies für die Findlingsblöcke, viele von der Größe kleiner Häuser, die von ihren ursprünglichen Standorten über Hunderte von Kilometern weit weg transportiert worden waren (Abb. 7). Außerdem waren die Schleifspuren und Rillen auf der Oberfläche von Grundgestein sowie die Unregelmäßigkeit der Ablagerungen selbst wirklich rätselhaft.

Einige Katastrophisten behaupteten damals, solche Phänomene seien das Werk riesiger Wellen besonderer Art, die noch niemals beobachtet worden waren. Die Dynamik dieser »Versetzungswellen« wurde von Mathematikern in Cambridge ausführlich analysiert, die die Tiefen und Geschwindigkeiten sorgfältig berechneten und ihre Schlußfolgerungen in Fachjournalen veröffentlichten.

Andere Geologen glaubten wiederum nicht, daß heftige Strömungen diese riesigen Findlinge bewegt haben konnten. Sie traten für die Version der Flutentheorie ein, die Charles Lyell in der 1833er Ausgabe seines einflußreichen Lehrbuches »Principles of Geology« (Grundsätze der Geologie) aufstellte. Lyell meinte, die Felsblöcke seien einfach in Eisbergen eingefroren gewesen und dann langsam zu ihren derzeitigen Findlingsorten fortgetragen (drifted) worden. Anhänger dieser Eisbergtheorie, die ja so schön den Gedanken einer allumfassenden Flut bewahrte, nannten die Ablagerung »Drift«, um auf die Methode ihres Transports hinzuweisen.

Zusätzliche Unterstützung der Eisbergtheorie fand sich in den Berichten von Forschern in den Nord- und Südpolregionen. Kein Geringerer als Charles Darwin bemerkte im *Journal* (1839) seiner Reise auf der *Beagle,* einige der von ihm beobachteten Eisberge im südlichen Ozean hätten Felsblöcke enthalten.

Buckland war jedoch der erste, der zugab, weder Lyells Eisbergdrift-Theorie noch die klassische Diluvialtheorie könnten Erklärungen für alle Phänomene liefern. So wäre beispielsweise ein Anstieg des Meeresspiegels von mehr als 165 Meter erforderlich, um einige Driftablagerungen in Bergregionen zu erklären. Woher hätte dieses Wasser kommen sollen? Wohin hätte es verschwinden sollen?

In ihrem übereifrigen Bemühen, solche Fragen zu beantworten, ließen manche Diluvialisten ihrer Phantasie freien Lauf – ungehindert von unbequemen Fakten. Die Wasser stürzten aus unterirdischen Reservoirs hervor und verschwanden plötzlich in unbekannten Höhlen. Die Erde – um ihre Achse schwankend – erzeugte Flutwellen, die sich über die größten Berge hinwegwälzten. Oder ein großer Komet hatte einst die Erdoberfläche gestreift, worauf Wasserkonvulsionen von einer Größenordnung entstanden, die noch nie von Menschen beobachtet wurden.

Wenn auch Lyells Theorie das »Meeresspiegelproblem« nicht ausräumte, konnte sie doch so modifiziert werden, daß sie einige »Drifts« erklärte, die in großen Höhen beobachtet worden waren. Um Findlingsblöcke in den Bergen des Jura zu erklären, berief sich Lyell beispielsweise nicht auf Eisberge, die im Ozean trieben, sondern auf Eisschollen, die in großen Seen trieben – in Seen, die sich gebildet hatten, wenn Flüsse durch Erdbeben oder Lawinen aufgestaut worden waren.

Aus Bucklands Journalen geht klar hervor, daß er nicht völlig zufrieden war mit den Antworten, die entweder die Fluttheorie oder die Eisbergtheorie anboten, und er setzte seine Suche nach einer Erklärung jeden Aspektes der Drift fort. Schließlich, im Jahre 1838, nahm er an einer Versammlung der Gesellschaft deutscher Naturforscher in Freiburg (Breisgau) teil.

Hier wurde er aufmerksam, als sein Freund Louis Agassiz eindrucksvolle Argumente für die Untermauerung der Eiszeittheorie vortrug, die er zum erstenmal im Vorjahr in Neuchâtel vertreten hatte. Buckland hatte Gerüchte über Agassiz' radikale Theorie ge-

Abb. 7 Findlingsblock in Schottland. Louis Agassiz schrieb das Vorkommen großer Felsblöcke, viele Kilometer von einem möglichen Grundgestein entfernt, der Einwirkung von Eiszeitgletschern zu (aus J. Geikie, 1894).

hört und war nach Freiburg gekommen mit der Absicht, sich selbst zu überzeugen.

Nach der Versammlung reisten Buckland und seine Frau nach Neuchâtel – dorthin, wo vor nicht langer Zeit Agassiz die Eiszeittheorie bestätigt gefunden hatte. Es waren noch zwei Leute in der Gruppe. Einer war Agassiz, begeistert von der Aussicht, den einflußreichen Buckland zu bekehren. Der andere war Charles Lucien Bonaparte, Prinz von Camino und Bruder des früheren französischen Kaisers Napoleon. Charles war ein wohlhabender Mann mit einem leidenschaftlichen Interesse an Naturgeschichte.

Buckland hatte seinen Besuch bei Agassiz aus persönlichen und wissenschaftlichen Gründen geplant. Er und seine Frau hatten den Schweizer Naturforscher bereits vor mehreren Jahren kennengelernt. Sie hatten Agassiz die Gastfreundschaft ihres Hauses angeboten, als dieser zum Studium von Sammlungen fossiler Fische England bereiste. Die drei waren enge Freunde geworden, und nun freuten sich die Bucklands darauf, in Neuchâtel Agassiz' junge Frau Cécile kennenzulernen.

Auf der Fahrt durch die Berge nach Neuchâtel muß Buckland sich Gedanken gemacht haben: Welche Beweise könnte sein Freund wohl vorbringen, die ihn von der Gültigkeit der Eiszeittheorie überzeugen würden? In Neuchâtel führte Agassiz die Zeugnisse der Vergletscherung vor, von denen er sicher war, daß sie ihre eigene Geschichte erzählen würden. Buckland blieb jedoch hartnäckig. Schließlich führte Agassiz die Gruppe in die Alpen, wo, wie er hoffte, der tatsächliche Anblick der noch aktiven Gletscher den Professor überzeugen würde. Buckland aber war nur vorübergehend beeindruckt. In dem Brief, in dem sie Agassiz für die Gastfreundschaft dankte, schrieb Frau Buckland: »Dr. Buckland ist jedoch wie eh und je weit davon entfernt, Ihnen zuzustimmen.« Anscheinend hatte Buckland alles noch einmal überdacht, sobald er nicht mehr Agassiz' achtungsgebietende Gegenwart spürte.

Agassiz war über diese Wendung der Ereignisse enttäuscht, denn Professor Buckland war ein weithin respektierter Wissenschaftler. Einmal überzeugt, wäre der Geologe aus Oxford für die Gletschertheorie von gleicher Bedeutung, wie es einst Kaiser Konstantin für die Christenheit gewesen war. Wenn Agassiz es zu jenem Zeitpunkt auch noch nicht wissen konnte – er mußte trotzdem nicht mehr lange warten. Im Herbst 1840 begann das Blatt sich zu wenden, und zwar zu seinen Gunsten.

Das kritische Ereignis war eine Reise nach England, die Agassiz im Sommer 1840 unternahm, um in erster Linie fossile Fische zu untersuchen. Im September nahm er an der Jahresversammlung der »British Association for the Advancement of Science« (Britische Gesellschaft zur Förderung der Wissenschaft) in Glasgow teil. Hier verlas er eine Abhandlung, in der er seine Gletschertheorie zusammenfaßte und noch einmal hervorhob: »In einem gewissen Zeitalter waren der ganze Norden Europas und auch der Norden von Asien und Amerika von einer Eismasse bedeckt.«

Wie vorauszusehen, war die Reaktion der meisten Zuhörer negativ.

Der Anführer der Attacke war einer der hervorragendsten Geologen Englands, Charles Lyell. Buckland selbst blieb still, aus unbekannten Gründen. Seine Journale weisen jedoch darauf hin, daß er die Eiszeittheorie erst kurz zuvor erneut zu untermauern versucht hatte. Vielleicht hatte der von Agassiz vor zwei Jahren ausgestreute Samen einfach Zeit zum Keimen gebraucht, oder Buckland erging es wie einst dem heiligen Paulus. Auf jeden Fall lud Buckland kurz nach der Versammlung Agassiz und einen weiteren bekannten Geologen, Roderick Impey Murchison, zu einem gemeinsamen Ausflug ein, um die Drift in Schottland und Nordengland zu studieren. Und gerade auf diesem Ausflug wurde Buckland endlich von der Richtigkeit der von seinem Freund Agassiz so standhaft verteidigten Theorie überzeugt. Über Nacht wurde Buckland zum ersten wichtigen britischen Konvertiten für die Theorie. (Murchison allerdings blieb ungerührt und argumentierte für den Rest seines Lebens zugunsten der Eisbergdrift.)

Eine der ersten Handlungen Bucklands war es nun, Charles Lyell von der wissenschaftlichen Wahrheit zu überzeugen. Dies gelang ihm in überraschend kurzer Zeit, denn am 15. Oktober schrieb er triumphierend an Agassiz: »Lyell hat Ihre Theorie *in toto* übernommen!!! Als ich ihm eine wunderbare Gruppe von Moränen, nicht weiter als dreieinhalb Kilometer vom Haus seines Vaters entfernt, zeigte, akzeptierte er sie sofort, so als beseitige sie eine Menge Schwierigkeiten, die ihn zeit seines Lebens gestört hatten.«

Die Eiszeittheorie – ihre Zeit war endlich gekommen. Lyell, der jüngste Bekehrte, verlor keine Zeit mit der Vorbereitung einer Vorlesung mit dem Titel: »On the Geological Evidence of the Former Existence of Glaciers in Forfarshire« (Über den geologischen Beweis für die frühere Existenz von Gletschern in Forfarshire), die er auf der Novemberversammlung der »Geological Society« (Geologischen Gesellschaft) in London hielt.

Agassiz selbst verlas eine Abhandlung: »Glaciers and the Evidence of Their Having Once Existed in Scotland, Ireland, and England« (Gletscher und der Beweis dafür, daß sie dereinst in Schottland, Irland und England vorhanden waren). Und diesmal trat auch Buckland zur Verteidigung der Theorie an mit seiner Abhandlung »Evidence of Glaciers in Scotland and the North of England« (Zeugnisse von Gletschern in Schottland und dem Norden Englands).

Bei diesem Trio international anerkannter Geologen, die Anhänger für die Eiszeittheorie gewinnen wollten, könnte man annehmen, aller Widerstand sei zusammengebrochen. Weit gefehlt! Die allgemeine Reaktion der versammelten Wissenschaftler war recht negativ, und nach den Vorträgen von Agassiz und Buckland fand eine hitzige Debatte statt. Nach Notizen, die sich ein Beobachter gemacht hatte, schloß Buckland die Debatte

» ... unter begeisterten Zurufen der entzückten Versammlung, die zu diesem Zeitpunkt schon von der Hoffnung, bald eine Tasse Tee zu ergattern (es war ein Viertel vor zwölf Uhr), beschwingt und erregt war vom kritischen Scharfsinn ... den der gelehrte Doktor von sich gab, der ... mit Blick und Ton des Triumphators seinen Gegnern, die es wagten, die ›Orthodoxie‹ der Kratzer, Rillen und geschliffenen Oberflächen der Gletscherberge anzuzweifeln ... die Qualen ewigen Juckreizes ohne die Gnade des Sich-Kratzen-Könnens androhte.«

In der Wissenschaft wie in der Religion ist häufig bei einem Neubekehrten der Glaube am stärksten. Vor nicht einmal einem Monat hatte Buckland in Glasgow keine Hand gerührt, als Agassiz' Theorie heftig attackiert wurde. Verständlicherweise blieb seine urplötzliche Kehrtwendung auf der Londoner Versammlung nicht unbemerkt. Eine bekannte Karikatur zeigt den Professor aus Oxford, angetan mit Robe und geologischer Ausrüstung, auf einem verkratzten und mit tiefen Rillen versehenen Pflaster aus Grundgestein stehend (Abb. 8). Zwei Fundstücke liegen zu Füßen des Professors, die mit Schildern versehen sind: »Zerkratzt von einem Gletscher vor 33 330 Jahren vor der Schöpfung«; und: »Zerkratzt von einem Wagenrad vorgestern auf der Waterloo-Brücke.«

Trotz dieser ironischen Reaktion der populären Presse und der ungünstigen Reaktion seitens der Mitglieder der Geologischen Gesellschaft schien es eine Zeitlang, als trete die gesamte britische Geologie für Agassiz' Theorie ein. Im folgenden Jahr (1841) schrieb Kollege Edward Forbes an Agassiz: »Sie haben alle Geologen hier gletschertoll gemacht, und Sie sind dabei, Großbritannien in ein Kühlhaus zu verwandeln. Ein oder zwei Pseudogeologen haben einige amüsante und sehr seltsame Versuche unternommen, sich Ihren Ansichten entgegenzustellen.« Die Ereignisse bewiesen, daß dieser Bericht etwas zu optimistisch ausgefallen war. Es vergingen noch 20 Jahre, bis die Mehrheit der britischen Geologen die Eiszeittheorie akzeptiert hatte. Warum fand diese Theorie, deren Gültigkeit heute als selbstverständlich erscheint, vor 100 Jahren so viel Widerspruch? Zum Teil kann die langsame Anerkennung der Theorie einem natürlichen Ressentiment gegen neue Ideen zugeschrieben werden – besonders, wenn diese Ideen lange konservierten wissenschaftlichen Prinzipien oder religiösen Überzeugungen zuwiderlaufen. Die Theorie forderte beides heraus, wenn auch religiöse Überzeugung wahrscheinlich ein geringerer Faktor war als wissenschaftliche Orthodoxie.

Einmal hatten Geologen nicht wegzudiskutierende Beweise in der Hand, nach denen der Ozean Landgebiete überflutet hatte – nicht nur einmal, sondern viele Male in der Vergangenheit. Fossile Fische und fossile Muscheln, konserviert im Sedimentgestein auf allen Kontinenten, das waren hinreichende Zeugnisse. Seite um Seite in Lyells Lehrbuch ist der Erklärung dieser Meeresfluten und der Festlegung ihrer geographischen Ausdehnung gewidmet. Die Idee, die Drift selbst sei Zeugnis für eine besonders turbulente Flut, war die natürliche Erweiterung eines allgemeinen und vertrauten Prinzips.

Abb. 8 Reverend Professor Buckland, ausgestattet als »Gletschermensch«. Eine zeitgenössische Karikatur von Thomas Sopwith, die den Professor aus Oxford wohlausgerüstet für die Erforschung von Gletschern auf einer zerkratzten Fläche aus Grundgestein stehend darstellt. Auf der Originalkarikatur sind die Fundstücke zu seinen Füßen mit Schildern versehen: »Zerkratzt von einem Gletscher vor 33 330 Jahren vor der Schöpfung.« Und: »Zerkratzt von einem Wagenrad vorgestern auf der Waterloo-Brücke.« Die reproduzierte Version hier wurde von Archibald Geikie veröffentlicht, der die Schilder aus Achtung vor seinem Freund entfernte (aus A. Geikie, 1875).

Tatsächlich war es gerade das fast völlige Fehlen von Meeresfossilien in der Drift, das viele Forscher an seinem maritimen Ursprung zweifeln ließ. Wäre dieses Fehlen vollkommen gewesen, wäre die Gletschertheorie wahrscheinlich schon viel früher anerkannt worden. Unglücklicherweise enthielten jedoch einige Driftablagerungen wirklich Meeresfossilien, und diese »Muscheldrifts« machten Gletschertheoretikern wie Agassiz zu schaffen.

Muscheldrifts kommen nicht allzu oft vor – es gibt sie in Küstenstrichen Neuenglands, in Deutschland und in Schottland und Nordengland:

In der Mitte des 19. Jahrhunderts untersuchten Diluvialisten die Meeresfossilien und lieferten einen weiteren Beweis dafür, daß sie die umgebende Drift nicht von Gletschern, sondern von Eisbergen transportiert wurde, die auf Wasserfluten schwammen.

Ablagerungen der Muscheldrift verunsicherten sogar die standhaftesten Verteidiger der Gletschertheorie, bis im Jahre 1865 ein Schotte namens James Croll sie als das Werk von Eisschollen erklärte, die sich über Gebiete bewegten, die heute von flachen Seen bedeckt sind. Das sich bewegende Eis hatte Muscheln und Schlamm vom Meeresboden gekratzt und danach an ihren heutigen Fundorten abgelegt. Nach Croll sind die versteinerten Meeresmuscheln einfach Findlinge *en miniature,* von Gletschereis von ihren unterseeischen Ursprungsorten wegtransportiert.

Ein weiterer Faktor, der gegen die Anerkennung der Theorie von Agassiz sprach, war die allgemeine Unkenntnis der Geologen in Sachen Gletscher. Wenn es diesen Geologen schon schwerfiel, Gletscher grundsätzlich zu begreifen, wie schwierig war es dann, sich Eisschollen von einer Mächtigkeit vorzustellen, wie Agassiz sie behauptet hatte. Erst 1852 stellte eine wissenschaftliche Expedition fest, daß die Gletscher Grönlands eine riesige Eisscholle bilden. Später, in diesem Jahrhundert, wurden die wahren Ausmaße der antarktischen Eisdecke festgestellt (Abb. 9). Als diese Polarforschungen vorankamen und die im Gebirge arbeitenden Geologen die Wirkung von Talgletschern beobachteten, fiel es der Wissenschaft leichter, die Idee aufzugreifen, daß Europa einstmals unter einer Eisdecke begraben gewesen war, wie man sie heute in Grönland und in der Antarktis antrifft. Es ist klar, daß die in den Gebirgen Schottlands, Skandinaviens und der Schweiz lebenden Geologen es leichter hatten, diese Idee anzuerkennen, als jene, die im Flachland nahe der See wohnten. Dieser letzteren Gruppe von Geologen schien die Vorstellung von einer Meeresflut die vernünftigste Erklärung für die Driftablagerungen zu sein.

Noch ein weiterer gegen die Gletschertheorie sprechender Faktor war die Überspanntheit der Behauptungen von Agassiz. In seiner Begeisterung bestand der Schweizer Naturforscher darauf, für die Eisschichten eine weitaus größere geographische Ausdehnung zu beanspruchen, als durch Zeugnisse untermauert werden konnte. Im Jahre 1837 behauptete er, das Eis hätte sich bis zum Mittelmeer

Abb. 9 Antarktische Eisdecke. Mit fortschreitender Kenntnis der Polarregionen im neunzehnten Jahrhundert waren die Geologen in der Lage, Vergleiche zwischen heutigen Eisdecken und den Bedingungen während der Eiszeit anzustellen (aus J. Geikie, 1894).

ausgedehnt. Die Tatsache, daß in diesen südlichen Gebieten niemals Driftablagerungen gefunden wurden, machte es skeptischen Wissenschaftlern somit leicht, auch den Rest der von Agassiz vorgebrachten Argumente abzulehnen.

Mit den Jahren wurden Agassiz' Thesen in Sachen Ausdehnung der Eiszeitgletscher noch gewagter. 1865, auf einer Expedition durch Südamerika, entdeckte er Anzeichen dafür, daß die Gletscher der Anden sich einstmals weit über ihre derzeitigen Positionen hinaus erstreckt hatten. Aus diesen Zeugnissen folgerte Agassiz, daß die Eisdecken, die Europa und Nordamerika bedeckt hatten, sich auch bis zum Subkontinent von Südamerika erstreckt haben mußten. Für eine derartige Ausdehnung existierte allerdings kein stichhaltiger Beweis, so daß es Agassiz lediglich gelang, die Angriffslust der Geologen zu reizen. Lyell schrieb: »Agassiz ... hat mit seinen Gletschern übertrieben ... Das ganze große (Amazonas-)Tal, hinunter bis zur Mündung, war mit Eis gefüllt ... (Allerdings) gibt er nicht vor, einen einzigen vergletscherten Stein oder geschliffenen Felsbrocken gefunden zu haben.«

Glücklicherweise waren bereits genügend Beweise in England und Europa gefunden worden, um die Anerkennung der Gletschertheorie von allen nicht zu gefährden.

Während die wissenschaftliche Schlacht in Europa tobte, reiste Agassiz selbst nach Amerika. Die Reise war auf Drängen von Charles Lyell geplant worden, der erst kurz zuvor die Vereinigten Staaten besucht hatte. Im September 1846 winkte Lyell Agassiz vom Kai in Liverpool aus zum Abschied zu, fest davon überzeugt, ihn vor Ablauf eines weiteren Jahres wiederzusehen.

Nach einer rauhen Überfahrt legte Agassiz' Schiff kurz in Halifax an, ehe es nach Boston weiterfuhr. Agassiz eilte von Bord, erpicht darauf, Beweise zur Unterstützung seiner Theorie zu finden: »Ich sprang an Land und strebte eiligen Schrittes den Höhen über dem Anlegeplatz zu ... mir begegneten die vertrauten Zeichen, die geschliffenen Oberflächen, die Furchen und Kratzspuren, die Liniengravuren des Gletschers ... und ich war überzeugt ... auch hier war diese große Kraft am Werk gewesen.«

In Boston wurde Agassiz von John Amory Lowell willkommen geheißen, der ihn bat, in seinem behaglichen Heim am Pemberton Square Quartier zu nehmen. Wie andere vor ihm unterlag Lowell bald der Suggestivkraft von Agassiz. Als erfolgreicher Besitzer eines Textilwerkes und Mitglied der Korporation der Harvard University war Lowell in der Lage, sicherzustellen, daß der große europäische Naturforscher Massachusetts zu seinem dauernden Wohnsitz machte. Anfang des folgenden Jahres wurde in Harvard für Agassiz ein Lehrstuhl eingerichtet. Agassiz, zu diesem Zeitpunkt in finanziellen Schwierigkeiten, nahm das Angebot dankbar an. Amerika blieb seine Heimat bis zu seinem Tode im Jahre 1873.

Agassiz reiste viel in seinem Wahlland umher und war entzückt, festzustellen, daß die Nachricht von seiner Gletschertheorie ihm vorausgeeilt war. Tatsächlich war die Theorie bereits von vielen amerikanischen Wissenschaftlern anerkannt worden. Bereits 1839, knapp zwei Jahre nach Agassiz' Vorlesung in Neuchâtel, veröffentlichte der amerikanische Paläontologe Timothy Conrad eine kurze Abhandlung, in der er feststellte, M. Agassiz schreibe die geschliffenen Oberflächen der Felsen in der Schweiz der Einwirkung von Eis und die diluvialen Kratzspuren, wie man sie benannt habe, dem Sand und den Steinen zu, die sich bewegende Eiskörper auf ihrem ruhelosen Weg mit sich führten. »Auf gleiche Weise würde ich die glatten Flächen von Felsen im westlichen New York erklären.«

Zwei Jahre später hielt der Landesgeologe von Massachusetts, Edward Hitchcock, vor der neugebildeten »Association of American Geologists« (Gesellschaft Amerikanischer Geologen) einen Vortrag über die Theorie von Agassiz.

Mitte der 1860er Jahre, etwa 30 Jahre nach ihrer Entstehung, war die Gletschertheorie auf beiden Seiten des Atlantik fest etabliert. Eine verstreute Oppositon machte noch viele Jahre lang von sich reden, wobei die letzte Attacke eine 1000 Seiten lange Abhandlung war, 1905 veröffentlicht von dem englischen Exzentriker Sir Henry Howorth. Die Existenz einer Eiszeit wurde dennoch als gegeben hingenommen. Die ernsthafte Erforschung dieser Welt sollte erst beginnen.

3
Erforschung der Eiszeitwelt

Nunmehr überzeugt von der Existenz einer Eiszeit in der Vergangenheit, waren die Geologen begierig, mehr davon zu erfahren. Wie Detektive bei der Untersuchung des Schauplatzes eines Verbrechens suchten geologische Forscher nach Anzeichen, die es ihnen ermöglichten, das, was vor Tausenden von Jahren geschehen war, zu konkretisieren. Doch anders als in jenen Kriminalgeschichten, in denen die Suche nach Beweisen gewöhnlich auf einen Raum oder höchstens auf einen englischen Landsitz begrenzt ist, waren die für die Lösung dieses geologischen Rätsels benötigten Hinweise über die Oberfläche des Planeten verstreut. Deshalb war schon sehr viel »Schnüffelei« erforderlich.

Von diesem Standpunkt aus hatte Agassiz einen glücklichen Augenblick der Geschichte für die Aufstellung seiner Theorie gewählt. Denn in den Jahren der Herrschaft der Queen Victoria machten der durch die industrielle Revolution hervorgebrachte Reichtum und die Ressourcen eines riesigen Empires die Organisation geologischer Expeditionen in die entferntesten Winkel der Erde möglich.

Viktorianische Geologen hatten sowohl theoretische als auch praktische Motive für die hartnäckige Suche nach Hinweisen auf die Eiszeitwelt. Natürlich war da einmal das verständliche Verlangen, die Lücken des Puzzles, das Agassiz ihnen angeboten hatte, auszufüllen; doch die Wirtschaft lieferte ein zusätzliches Motiv. In allen zivilisierten Ländern wurden geologische Gutachten zur Feststellung des potentiellen wirtschaftlichen Wertes wenig bekannter Regionen angefertigt. In den Vereinigten Staaten beispielsweise wurde in den auf den Bürgerkrieg folgenden Jahren der Westen erforscht und kartographisch erfaßt, und zwar von berittenen Geologen. Zur Fortführung dieser Arbeit wurde im Jahre 1879 per Gesetz der »U.S. Geological Survey« (Geologischer Vermessungsdienst der USA) geschaffen.

Um genaue Informationen über die Gletschertätigkeit zu gewinnen, zogen Geologen in Gebirgsregionen, wo sie aktive oder erst kürzlich »gestorbene« Gletscher studierten. Auf diese Weise erfuhren sie, wie alte Gletscher funktionierten und wie die Ablagerungen von der Drift geformt worden waren. Sie entdeckten, daß das Gletschereis durch aufeinanderfolgende Schneeschichten entstand. Wenn diese Schichtung mächtiger als etwa 35 Meter wurde, verwandelte das bloße Gewicht die untersten Schichten in Eis. Dieses Eis schob sich dann träge abwärts, wobei es lockeres Material mitnahm und mächtige Brocken vom Grundgestein abbrach und in sich aufnahm. Steine und Felsbrocken, eingefroren in der untersten Schicht des Gletschers, wirkten wie Zähne einer riesigen Feile. Sie glätteten, schliffen oder kerbten den Felsuntergrund, über den sich das Eis bewegte.

Eine weitere wichtige Entdeckung, die während dieser Periode intensiver Forschung gemacht wurde, war das Gesetz, das die Größe von Gletschern und die Geschwindigkeit ihrer Bewegung bestimmt: Je nach vorherrschendem Klima behält ein Gletscher eine bestimmte Größe bei. Wie groß der Gletscher ist, hängt von der in jedem Jahr fallenden Schneemenge sowie davon ab, wieviel verdampft und schmilzt. Ändert sich das Klima, wächst oder schrumpft der Gletscher, bis er ein neues Gleichgewicht erreicht hat.

Was frühere Geologen nicht verstanden hatten, war die Tatsache, daß ein im Gleichgewicht befindlicher Gletscher konstant abwärts fließt, obwohl sein unterer Rand festliegt. In seinen oberen Abschnitten, wo der Schneefall das Abschmelzen verhindert, ist die Strömung schneller, und es wird kein erodiertes Material abgelagert. Im unteren Teil des Gletschers jedoch, wo das Abschmelzen nicht behindert wird, ist die Strömung langsamer, und der Gletscher lagert beständig Material auf der Oberfläche unter dem Eis ab. Dieses Material, fest am Ort deponiert und vom Gewicht des darüberliegenden Eises stark verdichtet, wird *Ablagerungston* genannt.

Erwärmt sich das Klima, sucht der Gletscherrand eine neue Gleichgewichtsposition. Im Fall eines Talgletschers befindet sich diese Gleichgewichtsposition weiter bergaufwärts. Im Fall einer Eiskruste liegt die Gleichgewichtsposition weiter in Richtung auf das Zentrum der Kruste. Der untere Abschnitt des Gletschers kommt dann aber zum Stillstand. Er fließt nicht mehr und schmilzt allmählich ab. Ein Teil der Steine, des Sandes und des anderen Materials, die in diesem Abschnitt des Gletschers eingeschlossen sind, werden auf diese Weise unmittelbar vom Eise freigegeben. Diese Schicht, *Ablationston* genannt, wird dem Ablagerungston überlagert. Das übrige Sediment wird weggetragen und von Schmelzwasserströmen, die innerhalb des stagnierenden Gletschers und an seinem Rand entlangfließen, als Auswaschung abgelagert. Die Geologen der Viktorianischen Zeit waren in der Lage, die Ausdehnung von Gletschern während der Eiszeit durch das Orten der mächtigsten Tonablagerungen zu bestimmen. Diese bestehen sowohl aus Ablagerungs- wie auch aus Ablationsschichten und sind als Endmoränen bekannt. Man entdeckte auch, daß manche Sedimente, die man als »Drift« bezeichnet hatte, tatsächlich Auswaschungsablagerungen waren, die von Schmelzwasserströmen davongetragen und vor dem Gletscher abgelagert worden waren.

Es dauerte einige Zeit, bis die Geologen entdeckten, daß ähnliche Schmelzwasserströme ungefähr auf gleiche Weise *innerhalb* des Gletschers wirken – sie füllen Spalten, halb unterirdische Tunnel und Höhlen mit unregelmäßig geformten Ablagerungen von Auswaschungssediment auf. Es war also kaum verwunderlich, daß Agassiz' Freund, Reverend Buckland, von diesen Ablagerungen verwirrt worden war. Die Sedimentschicht, die der Gletscher hinterließ, wenn er sich schließlich zurückzog, war ein chaotisches Durcheinander von ungeschichteten Ablagerungen, die vom Eis weggetragen und dann willkürlich verstreut worden waren und geschichteten Ablagerungen (vom Wasser transportiert, sortiert und in sauberen Schichten abgelegt).

Bei all diesen neuen Informationen über das Funktionieren von Gletschern dauerte es nicht mehr lange, bis die Geologen in der Lage waren, die Eiszeitwelt darzustellen und eine Karte zu zeichnen, auf der die Ausdehnung der großen Eisdecken zu sehen ist. In Nordamerika war die Endmoräne ein ununterbrochener Rücken und an manchen Stellen bis zu 50 Meter hoch, der sich vom östlichen Long Island bis zum Staat Washington erstreckte (Abb. 10). Nördlich dieser Endmoräne stellte man fest, daß die Gletscherablagerungen hauptsächlich aus Ton bestanden. Südlich der Moräne war es eine flache, aus einer Schicht von Auswaschungsablagerungen gebildete Landschaft.

Zusätzlich zur Aufzeichnung der Ränder der Eisdecken stellten die Geologen fest, daß sie nun auch in der Lage waren, die Strömungsrichtung des Eises zu bestimmen, indem sie die Positionen von Kratzern und Rillen aufzeichneten, die von den sich bewegenden Gletschern in das Grundgestein eingegraben worden waren. Derartige Markierungen wurden aus einem großen Gebiet zusammengetragen und ergaben so ein umfassendes Bild der Gletscherströmung. Eine andere Methode bestand darin, Findlingsblöcke bis zu ihrem Ursprung im Grundgestein zurückzuverfolgen. Danach konnten die Geologen mit einem Blick den Weg, den der Gletscher genommen hatte, erkennen.

All diese Techniken wurden nicht nur in Nordamerika, sondern auch in Europa, Asien, Südamerika, Australien und Neuseeland angewandt. 1875 hatten diese Bemühungen zu einer globalen Karte geführt, die die Geschichte der großen Gletscher erzählte, wie sie zur Zeit des Höhepunktes der Eiszeit existierten.

Weltweit hatten die Gletscher etwa 44 Millionen Quadratkilometer bedeckt – das Dreifache des Gebietes, das heute von Eis bedeckt ist. Da aber die Gletscher fast gänzlich auf die nördliche

Halbkugel beschränkt gewesen waren, ist dieses Bild etwas irreführend. Allein auf der nördlichen Hemisphäre bedeckten die Gletscher etwa 26 Millionen Quadratkilometer – nahezu dreizehnmal mehr, als sie heute auf dieser Halbkugel bedecken. Die südliche Halbkugel wurde aber damals – wie auch heute noch – von der 13 Millionen Quadratkilometer großen Masse der antarktischen Eisdecke beherrscht, die sich während der Eiszeit nur geringfügig weiter ausgedehnt hatte. Die sonst noch auftretenden Eisschichten auf der südlichen Halbkugel waren eigentlich nur kleinere Eiskappen, und diese breiteten sich nur geringfügig von den Gebirgen in den südlichen Anden und von den Bergen in Südostasien, Tasmanien und dem südlichen Neuseeland aus.

Die viktorianischen Geologen waren überrascht, daß die großen Eisdecken auf der nördlichen Hemisphäre sowohl eine nördliche wie auch eine südliche Grenze hatten. Das bedeutete, daß Agassiz' Vorstellung von einer einzigen großen Eisschicht, die sich immer weiter von einem Zentrum am Nordpol ausgedehnt hatte, bis sie den größten Teil der nördlichen Halbkugel bedeckte, falsch war. Tatsächlich hatten sich die einzelnen Eisschichten von verschiedenen Ausbreitungszentren ausgedehnt. Die Laurentide-Eisdecke verbreitete sich beispielsweise von einem Zentrum in der Nähe der heutigen Hudson Bay (auf einer Breite von nur 60° Nord) aus. Von hier strömte das Eis in nördlicher Richtung auf die Küste des Arktischen Ozeans zu. Damals wie heute war dieser Ozean anscheinend von einer nur dünnen Schicht schwimmender Eisschollen bedeckt.

Bereits 1841 war es einigen Geologen klar: Falls die Theorie von Agassiz stimmte, war eine enorme Menge Wasser aus dem Ozean abgezogen worden, um die Eisdecken über Land aufzubauen. In einem bemerkenswert scharfsinnigen Essay, der in jenem Jahr veröffentlicht wurde, schrieb der schottische Geologe Charles Maclaren: »Es taucht eine Frage auf im Rahmen der Theorie, die er (Agassiz) nicht berührt hat. Wenn wir annehmen, das Gebiet vom 35. Brei-

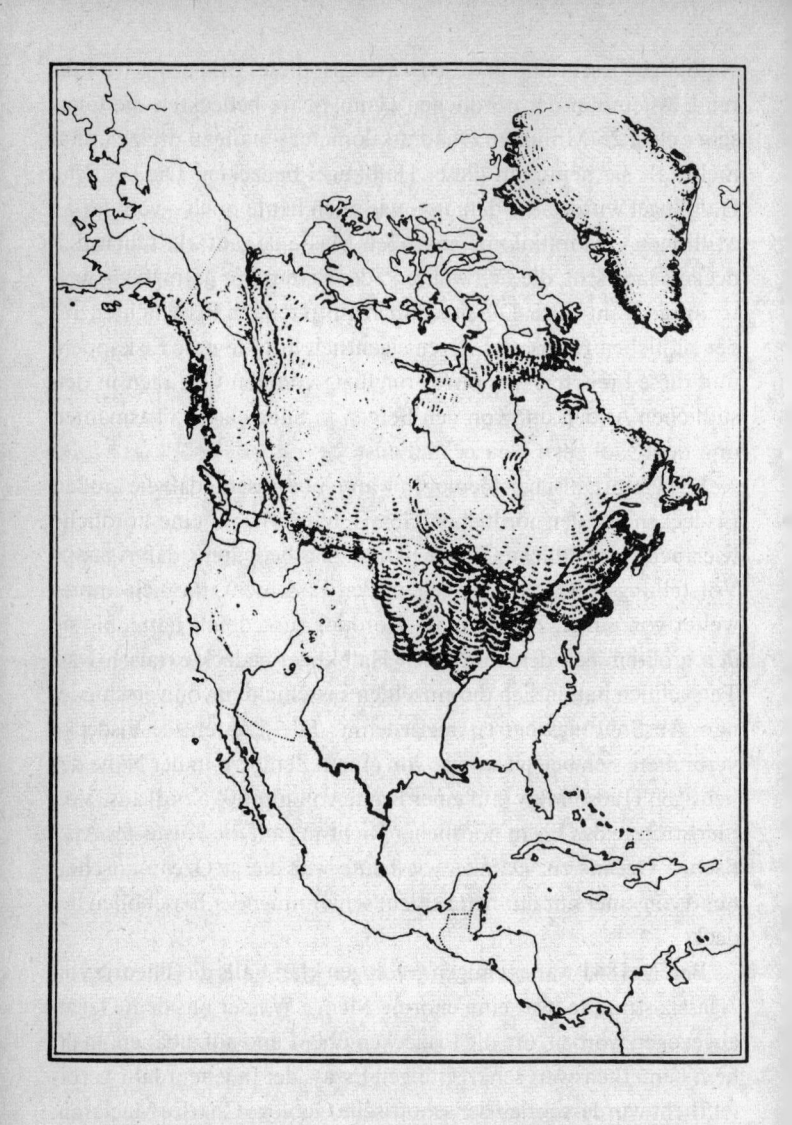

Abb. 10 Idealisierte Karte von Nordamerika während der Eiszeit.
Die Karte von Professor T.C. Chamberlin war der erste Versuch, Nordamerika während der letzten Eiszeit darzustellen (aus J. Geikie, 1894).

tengrad bis zum Nordpol wäre von einer Eisschicht bedeckt gewesen, mächtig genug, um die Spitzen des Jura zu erreichen, also etwa 5000 französische Fuß oder eine englische Meile hoch (etwa 1700 Meter), wird klar, daß der Abzug einer solchen Menge Wassers aus dem Ozean seine Tiefe wesentlich beeinträchtigen würde.« Unter Anwendung der spärlichen damals zur Verfügung stehenden Unterlagen berechnete Maclaren, daß »das Abziehen des für die Bildung besagter Eisdecke erforderlichen Wassers den Spiegel des Ozeans etwa um 800 Fuß (250 Meter) senken würde«.

Zu jener Zeit wurde diese Schätzung als wilde Spekulation angesehen, doch 1868 waren dann ausreichende Informationen verfügbar, um eine genauere Schätzung des Meeresspiegels während der Eiszeit vorzunehmen. Dazu war es lediglich erforderlich, die durchschnittliche Dicke der Eisdecken, deren Grenzen auf der Karte so deutlich eingetragen waren, zu bestimmen. Die Geologen erreichten dies, indem sie feststellten, welche Berge während der Eiszeit Spuren von Vergletscherung aufwiesen und welche nicht. War eine Bergkuppe vom Eis bedeckt gewesen, so mußte das Eis selbst zumindest so dick gewesen sein wie der Berg hoch war. Eine noch genauere Bewertung konnte erzielt werden bei Bergen (wie der Mount Monadnock in New Hampshire), die nur zum Teil von der Eisschicht bedeckt gewesen waren – deren felsige, nichtvergletscherte Spitzen aus dem Eis ragten und so Felseninseln in einem Meer aus Eis gebildet hatten. Heute zeigt sich die Landschaft auf halber Höhe dieser Berge abrupt verändert. Unterhalb der kritischen Linie sind die Berghänge glatt und gleichmäßig; darüber ist die Topographie jedoch rauh und unregelmäßig. Die Mächtigkeit der Eisdecken konnte man nun einfach bestimmen, indem man die Höhe dieser kritischen Linien über der sie umgebenden Landschaft maß.

Die Geologen folgerten aus solchen Berechnungen, daß die kontinentalen Eisdecken auf der nördlichen Hemisphäre etwa 1600 Meter dick waren. Unter Zugrundelegung dieser Zahl nahmen sie weiterhin eine grobe Schätzung des Eisvolumens vor. Der erste, der diese Berechnung durchführte, war Charles Whittlesey, ein Geologe aus Cleveland, Ohio. Er beschrieb 1868 seine Absicht:

»... aufzuzeigen, daß es während der Gletscherperiode ein merkliches Absinken der Meeresoberfläche gegeben haben mußte... Anhäufung von Eis... kann auf dem Land nur durch Niederschlag in Form von Regen und Schnee, der dann gefriert, eintreten. Die Urquelle dieses Niederschlags ist Verdunstung von der offenen Oberfläche der See. Inlandseen, Flüsse, Sümpfe und Niederungen geben Wasserdampf an die Wolken ab; doch alle Frischwasserbecken erhalten ihren Vorrat letztlich vom Ozean... Wird der Wasserniederschlag auf der Landoberfläche nicht an das Meer zurückgegeben, muß er vom gemeinsamen Reservoir abgezogen werden.«

Whittlesey berechnete, daß »in der Periode der größten Kälte das Absinken des Meeresspiegels mindestens 350 oder 400 Fuß (etwa 100 bis 120 Meter) betragen haben mußte«.

Der von Whittlesey behauptete Abfall des Meeresspiegels (bestätigt durch neuere Untersuchungen) war groß genug, um bedeutsame Veränderungen in der Geographie der Meeresküsten herbeigeführt zu haben. Whittlesey schrieb: »Als sich die Wasser zurückzogen, verändert sich der Umriß aller Kontinente; Inselgruppen wie die Westindischen vereinigten sich und bildeten eine kleinere Anzahl von Inseln mit größerer Fläche; neue Spitzen tauchten über dem Meeresspiegel auf, und ausgedehnte Untiefen ... wurden trockenes Land.« Spätere Forschungen von Archäologen und Geologen sollten noch aufzeigen, daß es gerade eine solche Landbrücke war – neu aus dem Meer aufgestiegen –, über die Steinzeitjäger aus Asien zum erstenmal den nordamerikanischen Kontinent betraten.

Es dauerte nicht lange, bis Geologen in Schottland und Skandinavien verlassene Meeresklippen entdeckten, die darauf hinwiesen, daß der Meeresspiegel während der Eiszeit tatsächlich viel niedriger war als heute. Und an manchen Stellen fanden sie auch Hinweise darauf, daß der Meeresspiegel unmittelbar nach dem Rückgang der Gletscher höher war als heute. Solche hoch gelegenen Küstenlinien sind besonders ausgeprägt in Skandinavien, wo inmitten der Gebirgsregionen in Höhen über 300 Meter Ablagerungen von Meeresmuscheln gefunden werden. Der schottische Geologe Thomas F. Jamieson war der erste, der diese Meeresablagerungen richtig bewertete. 1865 schrieb er:

»Wir haben in Skandinavien und Nordamerika sowie auch in Schottland Beweise vorgefunden für eine Senkung des Landes unmittelbar nach der großen Eisdecke; und es ist seltsam: Die Höhe, bis zu der die Meeresfossilien in all diesen Ländern gefunden worden sind, ist nahezu gleich. Es kam mir der Gedanke, das enorme Gewicht des Eises, das auf das Land geworfen wurde, könnte etwas mit dieser Senkung zu tun gehabt haben.«

Jamieson überlegte, warum diese Senkung eingetreten war. Er behauptete, unter der äußeren starren Kruste der Erde sei eine Schicht aus Felsgestein »in einem Stadium der Fusion« gewesen, die unter dem Druck zu fließen begann. Diese kühne und originelle Spekulation wurde Jahre später durch geophysikalische Messungen bestätigt. Genau wie Jamieson behauptet hatte, zeigten die Messungen, daß der obere Teil der Erdkruste auf fluidem Material schwamm. Wenn eine Menge Eis auf die Oberfläche gelangt, sinkt die Kruste ab – genau so, wie ein Ruderboot immer tiefer im Wasser liegt, je mehr Fahrgäste einsteigen.

Die Küstenstriche von Gletscherregionen erzählen uns deshalb eine seltsame Geschichte von Meeresfluten. Während der Eiszeit selbst verursachte das weltweite Absinken des Meeresspiegels eine Abwärtsbewegung der Küstenlinien um etwa 100 Meter.

Gleichzeitig preßte das Gewicht der Eisschichten die Landoberfläche darunter zusammen. Als die Eisdecken schmolzen, erfolgten eine *sofortige* Reaktion – ein Ansteigen des Meeresspiegels – und eine *allmähliche* Reaktion – ein langsamer Anstieg der Landoberfläche. Demnach kam es unmittelbar nach der Entgletscherung in Neuengland, Skandinavien und anderen vergletscherten Gebieten zu einer Überflutung. Im Lauf der Zeit hob sich dann die Landoberfläche zu ihrer ursprünglichen Höhe – wodurch sich der Meeresspiegel scheinbar senkte. In einigen Teilen der Welt reagiert das Land noch immer auf die Entgletscherung. Am Ufer des Lake Superior beispielsweise hebt sich das Land um 38 Zentimeter pro Jahrhundert. Abseits der stark vergletscherten Gebiete geben jedoch die Küstenlinien lediglich den allgemeinen Anstieg und Abfall des Meeresspiegels wider, wenn das Wasser aus dem Ozeanreservoir abgezogen oder zurückgegeben wird.

Während einige Geologen ihre Studien auf Gebiete beschränkten, die tatsächlich einmal von Eisschichten bedeckt gewesen waren, untersuchten andere Landgebiete abseits dieser Regionen. Diese Geologen entdeckten, daß über zweieinhalb Millionen Quadratkilometer in Europa, Asien und Nordamerika während der Eiszeit von einer Schicht aus feinem, homogenem, gelblichem Sediment überzogen gewesen waren. In Anlehnung an einen alten, von deutschen Bauern gebrachten Ausdruck nannten sie diese Ablagerung »Löß«. In manchen Gebieten war diese Schicht aus Schlick mehr als drei Meter dick. In anderen Landstrichen fand man ihn lediglich in dünnen, unterbrochenen Flecken.

Anfang des 19. Jahrhunderts war die Aufmerksamkeit der Geologen zum erstenmal auf diese besondere Ablagerung gelenkt worden, doch der Ursprung blieb ein Rätsel. Die Tatsache, daß Löß sich aus feinsten, gleichförmigen Schlickkörnern zusammensetzt, wies auf eine mögliche Ablagerung durch sich bewegendes Wasser hin. Die horizontale Schichtung aber, charakteristisch für eine Ablagerung durch Wasser, ist bei Löß nicht festzustellen. Außerdem fehlen Meeresfossilien. Erst 1870 hatten Geologen eine hinreichende Erklärung für Löß. Sie stammte von dem deutschen Geologen Ferdinand von Richthofen, der sie später einem skeptischen Kollegen gegenüber so verteidigte:

»Es ist offensichtlich, daß keine Theorie, ausgehend von der Hypothese der Ablagerung von Löß durch Wasser, alle Eigenschaften des Löß oder auch nur eine einzige erklären kann. Weder das Meer noch Seen oder Flüsse konnten ihn in Höhen von 2500 Meter an Berghängen ablagern. Seine Herkunft aus dem Wasser ist völlig ungeeignet, das Fehlen von Schichtung... die vertikale Spaltung, das wahllose Vorkommen von Quarzkörnern und ihre eckige Form ... die Einbettung von Landmuscheln und die Knochen von Landsäugetieren zu erklären.

Es gibt nur eine Kraft, auf die man zur Erklärung der Bedeckung von Hunderttausenden von Quadratkilometern ... mit einer vollkommen homogenen Erde ... zurückgreifen kann. Wann immer Staub von einem trockenen Ort durch *Wind* davongetragen und an einer mit Vegetation bedeckten Stelle abgelegt wird, findet er einen Ruheplatz. Wiederholen sich diese Ablagerungen, dann wächst die Erdkrume weiter.«

Von Richthofens Erklärung für Löß als vom Wind transportierte Ablagerung wurde allgemein anerkannt. Die Geologen waren in der Lage, ihr Bild von der Eiszeitwelt zu ergänzen, und ein weiteres Stück des uralten Puzzlespiels erhielt seinen richtigen Platz. Als am südlichen Rand der Eisdecke die Schmelze einsetzte, wurden große Mengen von Schlick durch den Auswaschungsstrom abgelagert. Da die Ablagerungen weder von Schnee bedeckt waren noch durch Vegetation an ihrem Platz festgehalten wurden, konnten sie die starken, vor der Eisdecke wirbelnden Winde leicht davontragen. Die Ideen von Richthofens wurden durch Beobachtungen in Alaska bestätigt, wo Gletscher während der Sommermonate rasch abschmelzen, die großen Schlickmengen an ihrer Basis trocknen und davongeweht werden und nahe gelegenes Grasland schließlich als fruchtbarer Löß bedecken.

Der Schlick, den die alten Gletscher in Schmelzwasserströmen aus Kanada transportierten, erwies sich als Segen für die amerikanischen Farmer im Mittelwesten. Denn dieser Schlick wurde nach

Süden geweht, wo er niederfiel und schließlich zur fetten, leicht zu bebauenden und wohldrainierten Erde des Farmgürtels Amerikas wurde.

Die im Westen Amerikas arbeitenden Geologen fanden Hinweise darauf, daß Teile Utahs, Nevadas, Arizonas und des südlichen Kaliforniens während der Eiszeit feuchter waren als heute. Im Jahr 1852 schrieb Captain Howard Stansbury (ein Topograph, der das Flachland um den großen Salzsee in Utah untersuchte), folgende Beobachtungen in sein Tagebuch:

»Am Hang eines mit dieser Ebene zusammenhängenden Höhenrückens wurden dreizehn deutliche aufeinanderfolgende Bänke oder Wassermarkierungen gezählt, die offensichtlich einst von dem See ausgewaschen worden waren ... Die höchste von ihnen liegt jetzt etwa 200 Fuß (ca. 60 Meter) über dem Tal ... Ist diese Annahme richtig – und alles spricht dafür – dann muß sich hier früher ein riesiger Binnensee befunden haben, der sich über Hunderte von Meilen erstreckte; und die einzelnen Berge, die heute aus der Ebene aufsteigen und sein westliches und südliches Ufer bilden, waren ohne Zweifel große Inseln, ähnlich jenen, die sich heute aus dem gesunkenen Wasserspiegel des Sees erheben.«

Spätere Forschungen bestätigten Stansburys Schlußfolgerung. In den 1870er Jahren bewies Grove K. Gilbert vom »US Geological Survey«, daß der Große Salzsee nur das Überbleibsel eines früheren, wesentlich ausgedehnteren Sees ist, den er Lake Bonneville nannte (Abb. 11). In der Eiszeit war dieser alte See größer als irgendeiner der heutigen großen Seen von Amerika, was darauf hinweist, daß es im westlichen Teil der Vereinigten Staaten nicht nur kälter war, sondern auch bedeutend mehr Regen fiel als heute.

Als die systematische Forschung noch in den Kinderschuhen steckte, gab es bereits Hinweise darauf, daß die Erde nicht nur einmal, sondern mehrmals vergletschert gewesen war. Schon 1847 berichtete Edouard Collomb von zwei Lößschichten in den französischen Vogesen. Diese waren aber nur durch Strömungsablagerungen getrennt, die man sowohl als Beweis für einen kurzen und geringfügigen Rückzug der Gletscherzunge deuten konnte als auch als Hinweis auf eine größere und längere Periode einer Gletscherrezession. In den 1850er Jahren wurden ähnliche Entdeckungen auch in Wales, Schottland und in der Schweiz gemacht, doch die konservative Auffassung – nach der die Schichten zwischen dem Löß geringere klimatische Schwankungen während einer einzigen Eiszeit bedeuteten – dominierte.

Im Jahr 1863 behauptete der schottische Geologe Archibald Geikie, Pflanzenfragmente, die man zwischen Lößschichten in Schottland fand, seien ein deutlicher Beweis dafür, daß es längere Intervalle mit warmem Klima zwischen den einzelnen Eiszeiten gab (Abb. 12). Schließlich wies Amos H. Worthen, Direktor des »Illinois Geological Survey« (Geologisches Vermessungsamt von Illinois) eine humusreiche Erdkrume vor, die sich auf einer Lößschicht gebildet hatte, ehe sie von der nächsten wieder zugedeckt wurde. Da sich Erde dieser Art nur entwickeln kann, wenn es so warm ist, daß üppiges Pflanzenwachstum entstehen kann, war dies eine starke Untermauerung der Annahme, es habe warme Zwischeneiszeiten gegeben. Nur wenige Jahre später lieferten John S. Newberry und W. J. McGee einen zwingenden Beweis, indem sie im amerikanischen Mittelwesten zwei Lößschichten aufdeckten, die von den Überresten eines früheren Waldes getrennt worden waren.

Um 1875 hatten die Geologen eine erste Übersicht darüber, wie die Welt der letzten Eiszeit aussah, abgeschlossen. Sie hatten ihre Gletscher kartographisch erfaßt; hatten den Meeresspiegel gemessen; und sie hatten festgelegt, welche Gebiete kalt und naß und welche kalt und trocken gewesen waren. Sie hatten auch entdeckt, daß die Eiszeit kein einmaliges Ereignis war – vielmehr hatte es eine Folge von Eiszeiten gegeben. Jede einzelne war von der nächsten durch wärmere Zwischenzeiten getrennt, ähnlich der gegenwärtigen. Bei all diesem Wissen waren die Geologen nun in der Lage, aus den Fakten Theorien abzuleiten.

Abb. 11 Uferlinien des alten Lake Bonneville, Utah. Die Terrassen am Fuße der Berge in der Nähe von Wellsville, Utah, entstanden zu verschiedenen Zeiten während der Eiszeit am Ufer des Sees. Als die Eisfelder verschwanden, wurde das vorher feuchte Klima trocken, und der Spiegel des Sees fiel. Die salzigen Wasser des Großen Salzsees sind die einzigen Überbleibsel des Lake Bonneville (aus G. K. Gilbert, 1890).

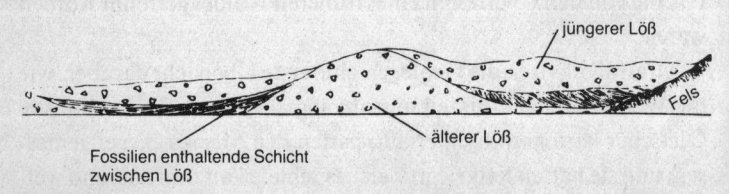

Abb. 12 Mehrfache Lößschichten in Schottland. Eine freigelegte Stelle in einem Geländeeinschnitt der Cowden-Burn-Eisenbahn zeigt zwei Schichten von durch Gletscher abgelagertem Löß, getrennt durch eine Fossilien enthaltende Torfschicht. Zeugnisse dieser Art wurden von den Geologen des 19. Jahrhunderts benützt, die Existenz von mehr als einer Eiszeit zu beweisen (aus J. Geikie, 1894).

II. Teil
ERKLÄRUNG DER EISZEITEN

4
Das Eiszeitproblem

Nachdem sie nun einmal die Eiszeittheorie von Agassiz anerkannt und sich weitläufig darüber ausgelassen hatten, kam auf die Geologen die Herausforderung zu, die Eiszeiten auch zu erklären. Welche Kraft zwang die Eisdecken dazu, zu wachsen und sich auszudehnen? Und als sie sich ausgebreitet hatten und nahezu ein Drittel der Landmasse der Erde bedeckten – warum wichen diese Eisschichten wieder zurück? Und dann die Frage, die am meisten fesselte: Würden sie wiederkehren?

Viele Theorien wurden aufgestellt. Manche, die zunächst plausible Antworten zu geben schienen, wurden später wieder verworfen, wenn neue Forschungsergebnisse sie als falsch entlarvten. Andere, nicht nachprüfbare, mußten fallengelassen werden.

Mehrere Versuche zur Lösung des Eiszeiträtsels schlugen fehl, weil sie sich zu engstirnig auf die Schwankungen der Eisschichten selbst konzentrierten und dabei versäumten, sie lediglich als Teil eines globalen klimatischen Systems zu sehen – eines Systems, das alle beweglichen Elemente des Planeten einschließt: Eisschichten, Ozeane und Atmosphäre. Diese drei Elemente des Luft-Meer-Eis-Systems sind in einer Weise miteinander verbunden, daß sie sich wie eine riesige Maschine verhalten. Eine Veränderung in einem

Teil führt zu korrespondierenden Veränderungen in den anderen Teilen des Systems.

Die diese Klimamaschine in Bewegung haltende Energie – die die Winde wehen und die Strömungen fließen läßt – stammt von der Sonne. Sonnenenergie wird an jedem Punkt der Atmosphäre und an jedem Punkt der Oberfläche der Erde aufgenommen. Ein Teil dieser Energie wird in den Weltraum zurückgeworfen, sobald Staubteilchen oder Wolken in der Atmosphäre auf Widerstand stoßen oder wenn sie von Land- oder Meeresoberflächen zurückprallt. Der Rest der von der Sonne empfangenen Energie wird absorbiert und dann in den Weltraum zurückgestrahlt. Jeder Teil des Klimasystems gewinnt deshalb täglich eine bestimmte Energiemenge durch Absorption und verliert eine bestimmte Energiemenge durch Strahlung und Reflexion.

Nur auf zwei Breitengraden gibt es ein genaues Gleichgewicht: auf 40° Nord und 40° Süd. Auf allen anderen Breitengraden ist der Strahlungshaushalt nicht ausgeglichen, und hier besteht deshalb für die Erde die Tendenz, sich entweder aufzuheizen oder abzukühlen. In der Nähe des Äquators neigt das Ungleichgewicht dazu, die Temperatur zu erhöhen. Die Oberflächen von Land und Meer absorbieren dort einen großen Teil der ankommenden Strahlung, die Tage sind lang, und die Sonne steht hoch am Himmel. In der Nähe der Pole gibt es andererseits einen Nettoverlust an Wärme, weil das dort vorhandene Eis bzw. der Schnee viel von der Sonnenenergie reflektiert. Außerdem ist auf diesen hohen Breitengraden der Einfallwinkel der Sonne spitz. Gäbe es außer Reflexion und Radiation nicht noch andere Prozesse, so würden in jedem Jahr die Pole kälter und der Äquator heißer werden. Winde und Strömungen verhindern dies, indem sie Wärme vom Äquator zu den Polen transportieren. Passatwinde und Wirbelstürme sind Beispiele für diesen Wärmetransportmechanismus, vergleichbar mit dem Golfstrom im Atlantik und der Kuroshio-Strömung im Pazifik. Gleichzeitig transportieren die südwärts verlaufenden Strömungen entlang der

Ostseite von Nordatlantik und Nordpazifik kaltes Wasser zum Äquator.

Jede Theorie der Eiszeit muß in Betracht ziehen, daß das Wachstum oder der Zerfall einer großen Eisdecke starke Auswirkungen auf die anderen Elemente des Klimasystems haben muß. Wenn sich beispielsweise eine Eisschicht ausdehnen soll, muß Wasser aus dem Ozean abgezogen, durch die Atmosphäre zum Ort der Eisschicht getragen und dort als Schnee abgeladen werden. Schwankungen im Volumen des globalen Eises sind deshalb unausweichlich mit Schwankungen im Meeresspiegel verbunden. Darüber hinaus muß jede Veränderung im Bereich einer Eisdecke eine Veränderung im Strahlungsgleichgewicht des Globus mit sich bringen. Dehnt sich eine Eisschicht aus, geht Wärme durch Reflexion verloren, die globalen Temperaturen sinken, und es bildet sich (noch) mehr Eis. Anders ausgedrückt: Schrumpft eine Eisschicht, steigen die Temperaturen, und es erfolgt ein weiterer Schrumpfungsprozeß. Diese Wirkung des »Strahlungs-Feedback« spielt in mehreren Theorien über Eiszeiten eine bedeutende Rolle, weil sie erklärt, wie sich eine geringe Initialveränderung auf die Größe der Eisdecke auswirkt.

Es ist das Hauptziel der meisten Theorien, die Ursache dieser Initialveränderungen aufzudecken. Seit Agassiz' »Discourse« von 1837 sind Dutzende von Theorien der Eiszeit aufgestellt worden. Eine der jüngsten behauptet, eine Eiszeit könne durch eine Verringerung der von der Sonne ausgestrahlten Energiemenge verursacht werden. Da unser Klima von der Sonne abhängt, müßte einer bedeutsamen Verringerung der Strahlung tatsächlich eine Eiszeit folgen. Es gibt jedoch überhaupt keinen Beweis dafür, daß die Energieabgabe der Sonne sich tatsächlich während einer Eiszeit verringert hat. Die Hauptargumente zugunsten der Sonnentheorie sind deshalb recht indirekt.

Eine Theorie weist auf Beobachtungen im vergangenen Jahrhundert hin, die eine leiche Neigung verraten, die Anzahl von Sonnenflecken in eine Wechselbeziehung zu Veränderungen in Niederschlagsmenge und Temperatur zu setzen. Leider ist noch niemals nachgewiesen worden, daß Wechsel in der Anzahl von Sonnenflecken tatsächlich etwas mit Schwankungen der Sonnenenergie zu tun haben. Ein anderes Argument, das auf Indizienbeweis beruht, besagt, in den vergangenen 1000 Jahren sei ein geringes Vorrücken von Talgletschern in Gebirgen mit Veränderungen in der Sonnenaktivität einhergegangen. Diese Gletscherveränderungen werden mit Temperaturschwankungen in der Größenordnung von 1 °C oder 2 °C in Verbindung gebracht.

Auch wenn die Regelung des Klimas durch die Sonne von Beobachtungen im vergangenen Jahrhundert oder Jahrtausend bewiesen worden wäre, würde das dennoch nicht beweisen, daß die Sonnenschwankungen Eiszeiten auslösen. Die Mehrzahl der Forscher ist der Überzeugung, daß die einzige Möglichkeit der Nachprüfung der Sonnentheorie die Entwicklung einer Berechnungsmethode ist, wie die Intensität der Sonnenstrahlung im Lauf der Zeit variiert. Ehe das nicht geschieht, bleibt die These, daß Eiszeiten durch Schwankungen der Sonnenstrahlung ausgelöst werden, in der Rumpelkammer – weder bewiesen noch widerlegt.

Eine andere Theorie behauptet, die ungleiche Verteilung von Staubteilchen im Weltraum verursache die klimatischen Veränderungen, die eine Eiszeit auslösen. Danach wird auf dem Weg der Erde durch ein Gebiet mit starker Staubteilchenkonzentration genügend Sonnenenergie herausgefiltert, um einen Abkühlungsprozeß einzuleiten. Eine weitere Version behauptet genau das Gegenteil: Wenn mehr Staubteilchen auf Sonnenstrahlen treffen, strahlen sie heller als sonst und lassen so die Temperatur auf der Erde ansteigen. Es ist klar, daß beide Versionen in Einklang gebracht werden müssen, ehe die Staubpartikeltheorie ernst genommen werden kann. Angenommen, eine solche Abstimmung wäre möglich, so bliebe immer noch ein größeres Hindernis bis zum definitiven Test dieser Theorie. Denn bis heute waren Astronomen nicht in der

Lage, genau vorauszusagen, wie sich die Staubkonzentration zwischen Erde und Sonne im Verlauf der geologischen Geschichte verändert hat. Wäre eine solche Staubchronologie verfügbar, könnten Wissenschaftler diese in bezug auf die Eiszeitchronologie prüfen. Erst wenn die beiden Chronologien zueinanderpaßten, wäre die Theorie untermauert.

Die Konzentration von Kohlendioxyd in der Atmosphäre ist der Ausgangspunkt für eine weitere Eiszeittheorie. Obwohl dieses Gas nur in winzigen Mengen vorkommt (durchschnittlich etwa 33/1000 Prozent), haben Untersuchungen gezeigt, daß es einen bedeutenden Einfluß auf das globale Klima ausübt. Das liegt an einer besonderen Eigenschaft des Kohlendioxyds: Während es für die von der Sonne empfangene Kurzwellenstrahlung relativ transparent ist, ist es für die in den Weltraum reflektierte Langwellenstrahlung relativ undurchlässsig. Veränderungen in der Menge des Kohlendioxyds in der Atmosphäre führen zu Veränderungen im Wärmehaushalt der Erde. Je mehr Kohlendioxyd in der Atmosphäre vorhanden ist, desto mehr verhält sich die Atmosphäre wie das Glasdach eines Treibhauses – sie erwärmt den Innenraum, indem sie die Energie einschließt.

Viele Wissenschaftler sind überzeugt, daß eine Eiszeit ausgelöst würde, falls der Pegel der Kohlendioxyd-Konzentration genügend tief fiele. Warum sollte aber eine derartige Verringerung eintreten? Ehe nicht eine Theorie entwickelt wird, die erklärt, wie und warum die Konzentration von Kohlendioxyd in der Atmosphäre sich im Lauf der Erdgeschichte geändert haben könnte – und insbesondere, warum diese Konzentration geringer sein sollte, wenn Eiszeiten auftreten –, muß die Theorie der Liste jener plausiblen Grundüberlegungen hinzugefügt werden, die zu überprüfen bisher unmöglich schien.

Eine weitere Eiszeitthese besagt, sie würden von Epochen häufiger und explosiver Vulkanausbrüche eingeleitet. In solchen Epochen nimmt die Konzentration feinen vulkanischen Staubs in der

Atmosphäre zu, und dieser Staub reflektiert mehr Energie der Sonne in den Weltraum, wodurch das Klima der Erde abgekühlt wird.

Beobachtungen, die man nach starken Vulkanausbrüchen anstellte, haben die prinzipielle Gültigkeit dieser Theorie bestätigt. 1883 brach beispielsweise der ostindische Vulkan Krakatau mit derartiger Heftigkeit aus, daß der größte Teil der Insel zerstört und das Geräusch der Explosion noch 4800 Kilometer entfernt zu hören war. Es wurden solche Mengen Staub in die Atmosphäre geschleudert, daß noch zwei Jahre später auf der ganzen Welt die Sonnenuntergänge merklich röter waren. Sorgfältige Messungen ergaben für diese Periode ein globales Absinken der Durchschnittstemperatur als Folge des Staubes in der Atmosphäre. Schließlich fielen die Staubteilchen zurück auf die Erde, und das Klima normalisierte sich wieder. Nehmen wir einmal an, die Häufigkeit solcher Vulkanausbrüche würde sich bedeutend steigern; könnte die entstehende Abkühlung nicht zu einer Eiszeit führen?

Falls vulkanischer Staub die Eiszeiten auslösende Kraft wäre, so müßten Spuren davon noch in alten Bodenschichten, in noch existierenden Gletschern oder in Schlammschichten, die sich zu dieser Zeit in Seen und Ozeanen bildeten, vorhanden sein. Im Prinzip müßte es möglich sein, die Vulkanstaubtheorie durch Vergleich der historischen Klimabedingungen während der Eiszeiten mit den Sedimentzeugnissen für Vulkantätigkeit nachzuprüfen. In der Praxis hat es sich bisher jedoch als unmöglich erwiesen, Messungen von ausreichender Genauigkeit über ein ausgedehntes Gebiet zu sammeln, um damit einen gültigen Test durchzuführen.

Nach einer anderen Theorie, im 19. Jahrhundert entwickelt von dem englischen Geologen Charles Lyell, werden die Eiszeiten von vertikalen Bewegungen der Erdkruste ausgelöst. Eine allgemeine Anhebung der Landhöhe läßt danach die Temperaturen sinken, weil die Luft in größeren Höhen kälter ist. Eine weiterentwickelte Version dieser frühen Theorie wurde 1894 von dem amerikanischen Geologen James D. Dana präsentiert. Er stellte sich nicht nur einen weltweiten Anstieg von Landflächen vor, sondern auch das Auftauchen

»trockenen Landes oder eines sehr flachen Wassergürtels quer über den Nordatlantik von Skandinavien bis Grönland, (so daß) die arktischen Gebiete jener Wärme beraubt wären, die sie jetzt vom Golfstrom abzweigen. Die Beschränkung des Kreislaufs des Golfstroms auf die mittleren Teile des Nordatlantik würde auf diese Weise dessen Wärme konzentrieren, den Ozean erheblich erwärmen und für reichlichen Niederschlag sorgen.« Der schottische Geologe James Geikie (Bruder von Archibald) wehrte sich jedoch bereits 1874 überzeugend gegen diese Theorie. Er hielt es für unmöglich, daß solche »ausgedehnten Schwingungen der (Erd-)Kruste in solch vergleichsweise kurzer Zeit stattgefunden haben könnten«. Er fügte hinzu, daß, »wenn wir uns auch nur schwerlich Aufwärtsbewegungen vorstellen können, die gleichzeitig fast die gesamte Landoberfläche der nördlichen Hemisphäre betreffen, unsere Schwierigkeiten doch nicht geringer werden durch die Überlegung, daß wir noch immer das Gletscherphänomen auf der südlichen Halbkugel erklären müssen«. Alle seit Geikies Analyse zusammengetragenen Argumente haben seine negative Reaktion bestätigt. Es gibt bis heute keine vernünftige Grundlage für diese Theorie.

Eine weitere Gruppe von Theorien ist viel jüngeren Ursprungs. Sie greift einzelne Elemente aus dem Klimasystem der Erde heraus, um die Eiszeiten zu erklären. Von diesen Theorien stammt die vielleicht bekannteste von dem neuseeländischen Wissenschaftler Alex T. Wilson. Er behauptete 1964, ein abruptes Abgleiten großer Teile der antarktischen Eisdecke in den Ozean würde die klimatischen Veränderungen auslösen, die dann zu einer Eiszeit führten. Bei normalem Ablauf der Ereignisse fließt der Schnee, der sich auf der Oberfläche dieser Eisdecke anhäuft, träge nach außen zu ihrem Rand hin, wo Eisbrocken abbrechen und als Eisberge davonschwimmen. Wilson glaubte, daß das langsam anwachsende Gewicht des Gletschers und die Ansammlung von Wasser entlang seiner Basis diesen dazu brächten, zusammenzufallen und unverzüglich in den Ozean zu fließen. Plötzliche periodische Spannungsbrüche kommen, wie man weiß, bei manchen Berggletschern vor, und Wilson übertrug diesen Gedanken einfach auf die antarktische Eisdecke. Die klimatischen Auswirkungen eines Spannungsbruches dieses Ausmaßes wären tatsächlich sehr groß. Bei einem derartigen Bruch würde der umgebende Ozean mit einer höchst reflektiven Schicht treibenden Eises bedeckt. Durch die gesteigerte Reflexion der Sonnenstrahlung zurück in den Weltraum wäre eine solche schwimmende Schicht sehr wohl in der Lage, eine Eiszeit auszulösen.

Viele Wissenschaftler waren enttäuscht, als kein Beweis zur Unterstützung der dramatischen Theorie Wilsons gefunden wurde. Wenn ein solcher Spannungsbruch tatsächlich einträte, würde der Meeresspiegel dramatisch ansteigen. Nach der Theorie hätte die Eiszeit einem plötzlichen Anstieg des Meeresspiegels folgen müssen. Es ist aber kein Beweis für einen derartigen Anstieg gefunden worden. Vielmehr sah der Beginn der Eiszeit ein beständiges Sinken des Meeresspiegels (wie in Kap. 3 erläutert). Außerdem würde eine treibende Eisdecke wie die oben beschriebene beim Schmelzen eine deutliche Ablagerung auf dem Meeresboden hinterlassen. Die Tatsache, daß eine solche Ablagerung nicht gefunden worden ist, diskreditiert die Theorie noch mehr.

Eine andere Theorie, basierend auf Schwankungen im Klimasystem der Erde, wurde von zwei Wissenschaftlern des »Lamont Geological Observatory« der Columbia-Universität, Maurice Ewing und William Donn, im Jahre 1956 entwickelt. Sie argumentierten, die Temperaturen in der Arktis seien heute niedrig genug, um das Wachstum einer Eisdecke zu ermöglichen – falls der Schneefall durch einen stärkeren Zustrom feuchter Luft gesteigert würde. Gäbe es einen solchen Zustrom, würde die Eisschicht an Größe zunehmen, und ein sich selbst erhaltender Abkühlungstrend würde die Folge sein, während die neue Schneedecke das Reflexionsvermögen der Erdoberfläche erhöhte. Welche Kraft die ja feuchte Luft über die jetzt relativ trockenen arktischen Gebiete pumpen müßte, sollte aber diesen Trend einleiten?

Der springende Punkt der Ewing-Donn-Theorie ist der Gedanke, daß eine Eiszeit beginnt, wenn das Nördliche Eismeer für eine kurze Zeitspanne eisfrei ist und offen für die warmen nordatlantischen Strömungen. Während dieses Zeitraums verstärkt sich die Verdunstung, die darüberliegende Atmosphäre wird mit Wasserdampf aufgeladen, und mehr Schnee fällt auf das umliegende Land.

Einmal auf diese Weise begonnen, beschleunigt das Reflexions-»Feedback« den Vergletscherungsprozeß und führt zu einer Eiszeit. Die Entgletscherung beginnt, wenn die Temperaturen tief genug sinken, um das Nördliche Eismeer wieder zufrieren zu lassen. Ist dann die Hauptquelle für Feuchtigkeit abgeschnitten, schrumpft die Eisdecke, der Meeresspiegel steigt, und warme nordatlantische Strömungen beginnen wieder, das Eis des Nördlichen Eismeers zu schmelzen.

Nach dieser genialen Theorie ist die Dynamik des Luft-Meer-Eis-Systems allein in der Lage, einen natürlichen klimatischen Zyklus einzuleiten, in dem warme Interglaziale mit Glazialen abwechseln. Diese Theorie ist nachprüfbar, denn sie sagt eine geschichtliche Folge von Ereignissen voraus, die einen Nachweis in den Sedimenten des Nördlichen Eismeers zurücklassen werden. Sedimentschichten, die sich in diesem Ozean zu Beginn der Eiszeit bilden würden, müßten Fossilien von Tieren enthalten, die in sonnenbeschienenen Gewässern gelebt hatten. – Es sind aber keine derartigen Fossilien gefunden worden. Vielmehr hat eine Untersuchung der Sedimente ergeben, daß zu keiner Zeit in den vergangenen Millionen von Jahren das Nördliche Eismeer eisfrei gewesen ist.

Andere Theorien, basierend auf internen Eigenschaften des Klimasystems, sind schwieriger zu analysieren als die Spannungsbruchtheorie von Wilson oder die Eistheorie des Nördlichen Eismeers von Ewing und Donn. Zu ihnen gehört die Stochastische Theorie, die im vergangenen Jahrzehnt viele Anhänger gefunden hat. Die zentrale Aussage dieser Theorie lautet, daß eine große Variabilität eine natürliche und inhärente Eigenschaft des Klimas ist.

Auf einer kurzen Zeitskala treten willkürliche Klimaschwankungen von Monat zu Monat und von Jahr zu Jahr auf. Die Stochastische Eiszeittheorie behauptet, je länger die untersuchte Zeitspanne ist, desto größer ist auch das Ausmaß dieser Schwankungen. Anhänger dieser Theorie weisen auf die Tatsache hin, daß größere klimatische Unterschiede zwischen aufeinanderfolgenden Jahrzehnten festgestellt wurden als zwischen aufeinanderfolgenden Jahren innerhalb eines Jahrzehnts. Die Theorie geht davon aus, daß, falls noch längere Zeitspannen untersucht würden, die Größenordnung der beobachteten Schwankungen unendlich wächst. Anhänger dieser Theorie bieten zur Unterstützung dieser Assertion sophistisch anmutende mathematische Argumente an.

Nach der Stochastischen Theorie erfordert irgendeine bestimmte Eiszeit keine besondere Erklärung. Sie ist einfach ein Beispiel für eine großangelegte Schwankung im Klima der Erde, die als kumulative Wirkung vieler kleiner, willkürlicher Veränderungen des Wetters eintritt, die in den Ozeanen und in Eisschichten gespeichert sind. Weil nun die Stochastische Theorie behauptet, kein bestimmtes Ereignis verursache eine Eiszeit, ist es schwierig, sie nachzuprüfen.

Wie sieht es nun heute aus? Nicht sehr vielversprechend! Von den acht zur Erklärung der Eiszeit aufgebotenen Haupttheorien wurden drei abgelehnt, und die übrigen fünf waren nicht nachprüfbar. Das Spiel ist aber nicht verloren, denn noch eine weitere Theorie bietet sich an, die eine ernsthafte Konkurrentin ist, seit sie zum erstenmal, nur fünf Jahre nach Agassiz' »Discourse« in Neuchâtel aufgestellt wurde.

5
Die Entstehung der Astronomischen Theorie

Die Geschichte der Astronomischen Theorie beginnt 1842 mit der Veröffentlichung eines Buches mit dem Titel »Revolutions of the Sea« (Umwälzungen des Meeres). Dieses Buch hatte Joseph Alphonse Adhémar geschrieben, ein Mathematiker, der seinen Lebensunterhalt als Privatlehrer in Paris verdiente. Adhémar war der erste, der behauptete, die Antriebskraft der Eiszeiten könne auf Schwankungen nach Art der Erdbewegung um die Sonne beruhen. Adhémar wußte, die Umlaufbahn der Erde um die Sonne war kein Kreis, sondern eine Ellipse, eine Tatsache, die im 17. Jahrhundert von dem Astronomen Johann Kepler aufgezeigt worden war (Abb. 13). Die Achse der Erddrehung ist um 23$^{1}/_{2}$° aus der Senkrechten zur Ebene der Umlaufbahn geneigt. Die Jahreszeiten ent-

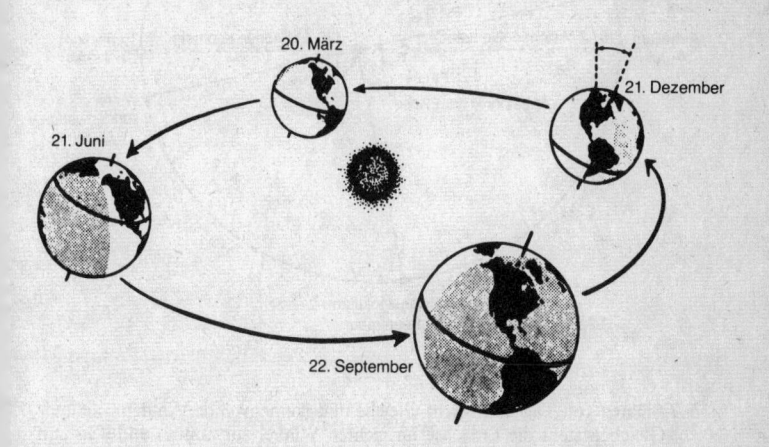

Abb. 13 Verlauf der Jahreszeiten. Während die geneigte Erde um die Sonne kreist, verursachen die Veränderungen in der Verteilung des Sonnenlichts die Aufeinanderfolge von Jahreszeiten (mit freundlicher Genehmigung von G. J. Kukla).

stehen, weil die Orientierung der Achse im Raum fixiert bleibt, während die Erde sich um die Sonne bewegt. Wenn der Nordpol der Sonne abgeneigt ist, erlebt die nördliche Hemisphäre einen Winter. Zeigt der Nordpol zur Sonne, herrscht auf dieser Halbkugel Sommer.

Kepler hatte gezeigt, daß die Sonne sich in einem Fokus der Erdbahn befindet (Abb. 14). Der zweite Fokus ist leer. Während die Erde jedes Jahr einmal ihre Bahn zieht, ist sie einmal der Sonne nä-

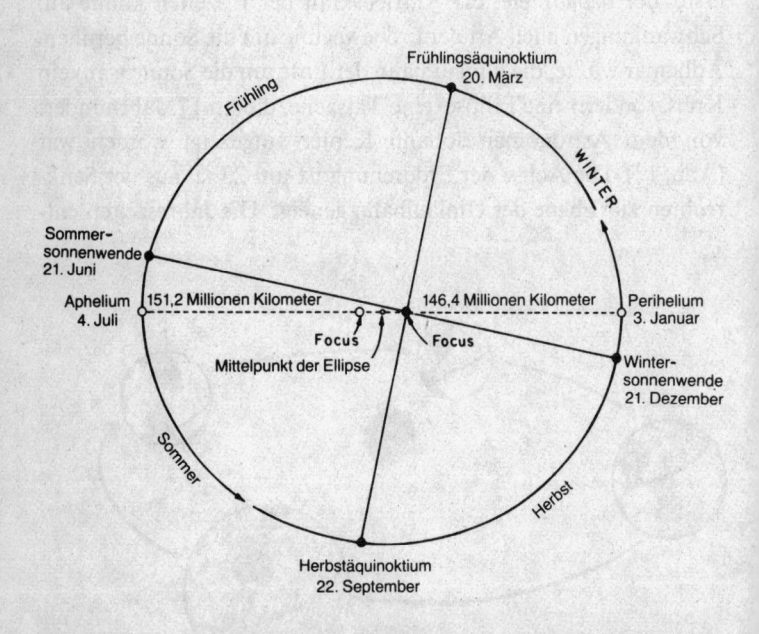

Abb. 14 Daten von Tag-und-Nacht-Gleiche und Sonnenwende. An den Tag-und-Nacht-Gleichen steht die Erdachse im rechten Winkel zur Sonne, und Tag und Nacht sind auf dem ganzen Erdball gleich lang. Zur Sommersonnenwende ist der Nordpol in Richtung auf die Sonne geneigt, und die nördliche Hemisphäre hat den längsten Tag des Jahres. Zur Wintersonnenwende ist der Nordpol von der Sonne weggeneigt, und die nördliche Halbkugel erlebt den kürzesten Tag des Jahres.

her und einmal weiter von ihr entfernt. Jedes Jahr, etwa um den 3. Januar herum, erreicht die Erde auf ihrer Umlaufbahn den Punkt, der als Perihelium bekannt ist – der Punkt, an dem sie der Sonne am nächsten steht. Um den 4. Juli herum erreicht sie Aphelium – den von der Sonne am weitesten entfernten Punkt. Im Aphelium beträgt die Entfernung 4,8 Millionen Kilometer mehr als im Perihelium.

Jede Jahreszeit beginnt an einem bestimmten Punkt der Erdbahn. Dieser wird »Haupthimmelsrichtung« genannt. Die Erde erreicht diese Punkte um den 21. Dezember, 20. März, 21. Juni und 22. September eines jeden Jahres. Auf der nördlichen Hemisphäre markiert der 21. Dezember den Beginn des Winters, weil an diesem Tag der Nordpol am weitesten der Sonne abgeneigt ist; dadurch wird dies der kürzeste Tag des Jahres auf der gesamten nördlichen Halbkugel. Auf der nördlichen Halbkugel wird dieser Punkt die Wintersonnenwende genannt. Auf der südlichen Hemisphäre ist der 21. Dezember die Sommersonnenwende, weil er für diese Halbkugel der längste Tag des Jahres ist und deshalb den Beginn des Sommers markiert.

Sechs Monate später, am 21. Juni, erreicht die Erde die Haupthimmelsrichtung, in der auf der nördlichen Halbkugel der Sommer und auf der südlichen der Winter beginnt. An diesem Punkt ist der Nordpol der Sonne zugeneigt, wodurch der 21. Juni der längste Tag des Jahres auf der nördlichen Halbkugel ist. Nur zweimal in einem Jahr, am 20. März und am 22. September, sind beide Pole gleich weit von der Sonne entfernt. An diesen Tagen ist an jedem Punkt des Globus die Tages- und die Nachtzeit gleich. Diese beiden Haupthimmelsrichtungen auf der Erdumlaufbahn sind deshalb als die Tag-und-Nacht-Gleichen bekannt. Auf der nördlichen Hemisphäre markiert das Frühlingsäquinoktium (20. März) den Beginn des Frühjahrs und das Herbstäquinoktium (22. September) den Anfang des Herbstes. Auf der südlichen Halbkugel verhält es sich umgekehrt.

Zwei Linien – eine durch die Tag-und-Nacht-Gleichen, die andere durch die Sonnenwenden gezogen – würden sich im rechten Winkel schneiden und ein Kreuz bilden, dessen Mittelpunkt die Sonne ist. Die kürzere Linie des Kreuzes teilt die Umlaufbahn in zwei ungleiche Teile. Die von der Erde auf einem Teil ihrer Bahn zurückgelegte Entfernung (vom 22. September bis zum 20. März) ist kürzer als die auf dem anderen Teil zurückgelegte Entfernung (vom 20. März bis zum 22. September). Auf der nördlichen Halbkugel sind deshalb Frühling und Sommer genau sieben Tage länger als Herbst und Winter. Demnach ist die Gesamtzahl der Stunden mit Tageslicht auf der nördlichen Halbkugel um 168 Stunden in jedem Jahr (24 Stunden mal 7 Tage) größer als die Gesamtzahl der Nachtstunden. Auf der südlichen Hemisphäre ist die Situation umgekehrt. Dort sind die warmen Jahreszeiten um sieben Tage kürzer als die kalten, und die Anzahl der Nachtstunden übersteigt die der Tagesstunden.

Adhémar argumentierte nun, die südliche Halbkugel müsse immer kälter werden, da sie mehr Nachtstunden im Jahr habe als Stunden mit Tageslicht – und er verwies auf die Eisdecke der Antarktis als Beweis dafür, daß die südliche Halbkugel jetzt eine Eiszeit erlebe.

Nachdem er erklärt hatte, warum die südliche Hemisphäre kalt und heute teilweise vergletschert ist, ging Adhémar einen Schritt weiter: Warum war es nun in der Vergangenheit auf der nördlichen Hemisphäre zu einer Eiszeit gekommen? Er begründete seine Theorie mit der Tatsache, daß über lange Zeitspannen hinweg Schwankungen in der Orientierung der Erdachse vorkommen. Diese Schwankungen wurden zuerst um 120 v. Chr. von Hipparchus entdeckt, als er seine eigenen astronomischen Beobachtungen mit denen von Timocharis verglich, die dieser 150 Jahre früher gemacht hatte.

Heute fällt der Punkt, um den die Sterne zu kreisen scheinen (wenn man sie auf der nördlichen Halbkugel beobachtet), in die

Nähe des Sterns Polaris – bekannt als Polarstern, weil der Nordpol auf ihn gerichtet ist. Polaris bildet das Ende der Deichsel des Kleinen Wagens (Kleiner Bär). 2000 v. Chr. aber wies der Nordpol auf einen Fleck halbwegs zwischen dem Kleinen und dem Großen Bären. 4000 v. Chr. zeigte er auf die Spitze der Deichsel des Großen Wagens.

Indem sie diese Progression auf einer Sternenkarte eintrugen, waren die alten Astronomen in der Lage aufzuzeigen, daß der Nordpol nicht immer in die gleiche Richtung weist. Die Rotationsachse der Erde taumelt vielmehr wie die eines Kreisels, wodurch der Nordpol im Raum einen Kreis beschreibt (Abb. 15). Diese Bewegung – Präzession der Tag-und-Nacht-Gleichen genannt – ist sehr langsam: 26 000 Jahre müssen vergehen, ehe die Achse zum selben Punkt auf dem Kreis zurückkehrt. 1754 analysierte der französische Mathematiker Jean le Rond d'Alembert das Phänomen, das durch die Anziehungskraft der Sonne und des Mondes, die auf die Ausbuchtung des Erdäquators wirkt, hervorgerufen wird.

Durch die Achsenpräzession bewegen sich die Kardinalpunkte (die vier Haupthimmelsrichtungen) auf der Erdumlaufbahn nur langsam. Für einen Beobachter, der von oben auf den Nordpol herunterschaute, würde diese Bewegung scheinbar rechtsherum erfolgen (Abb. 16). Gleichzeitig bewegt sich die elliptische Umlaufbahn – unabhängig davon und noch viel langsamer – in der selben Ebene linksherum. Zusammen sorgen die beiden Bewegungen für eine Verschiebung der vier Kardinalpunkte auf der Umlaufbahn. Diese Verschiebung stellt die klimatische Wirkung der Präzession der Tag-und-Nacht-Gleichen dar.

Wie von d'Alembert gezeigt, vollendet die Verschiebung der Tag-und-Nacht-Gleichen auf der Umlaufbahn alle 22 000 Jahre einen Zyklus. Heute beginnt auf der nördlichen Hemisphäre der Winter, wenn die Erde an einem Ende der Ellipse nahe der Sonne steht. Vor 11 000 Jahren begann der Winter, wenn die Erde viel weiter von der Sonne entfernt war – nahe dem entgegengesetzten

Ende der Ellipse. Und vor 22 000 Jahren stand die Erde in derselben Position auf der Umlaufbahn wie heute.

Adhémar theoretisierte, Gletscherklima entstünde als Funktion dieses 22 000-Jahre-Zyklus und jede Hemisphäre mit dem jeweils längeren Winter würde eine Eiszeit erleben. Demnach würde alle 11 000 Jahre (in jedem Halbzyklus) eine Eiszeit eintreten, abwechselnd auf der einen und dann auf der anderen Halbkugel.

Der größte Teil der Adhémarschen Theorie war sorgfältig begründet. Eine Folgerung war jedoch so extravagant, daß sie den Schatten des Zweifels auf die gesamte Theorie warf. Denn Adhé-

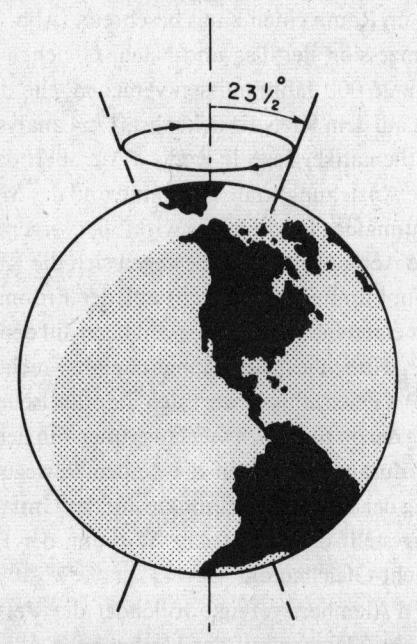

Abb. 15 Präzession der Erde. Aufgrund der Anziehungskraft von Sonne und Mond, die auf die Ausbauchung des Erdäquators wirkt, bewegt sich ihre Rotationsachse langsam in einem Kreis und vollendet alle 26 000 Jahre eine Umdrehung. Unabhängig von diesem Zyklus der Achsenpräzession variiert die Neigung der Erdachse (von der Vertikalen gemessen) etwa um $1\ 1/2°$ nach beiden Seiten ihres durchschnittlichen Winkels von $23\ 1/2°$.

mar argumentierte, die Anziehungskraft der antarktischen Eisdecke wäre stark genug, das Wasser von den Meeren der nördlichen Halbkugel abzuziehen und eine Ausbauchung des Meeresspiegels auf der südlichen Halbkugel hervorzurufen. Indem er ein dramatisches Bild dessen entwarf, was geschehen würde, wenn die Temperaturen auf der südlichen Hemisphäre zu steigen begännen, sagte Adhémar voraus, daß die riesige Eiskappe der Antarktis aufweichen und schmelzen würde, bis sie schließlich – an ihrer Basis abgenagt durch den wärmer werdenden Ozean – wie ein riesiger Pilz dastehen würde. Endlich würde die ganze Masse im Meer zusammenfallen und eine gigantische, mit Eisbergen beladene Flutwelle auslösen, die nordwärts jagte und das Land verschluckte.

Obwohl Adhémars Zeitgenossen diese Umwälzungen des Ozeans als bloße Phantasie ablehnten, fiel es ihnen doch nicht so leicht, (auch) den astronomischen Teil der Theorie zu kritisieren. Der erste, der dies tat, war der deutsche Naturforscher Baron Alexander von Humboldt, der 1852 darauf hinwies, daß Adhémars Grundidee – nach der eine Halbkugel sich erwärmt, während die andere sich abkühlt – falsch sei. Die Durchschnittstemperatur auf beiden Hemisphären wird nicht von der Anzahl der Tag- und Nachtstunden gesteuert, sondern von der Gesamtkalorienzahl aus der Sonnenenergie, die jedes Jahr aufgenommen wird. Und, wie die Berechnungen von d'Alembert vor vielen Jahren gezeigt hatten, jede Verringerung der Erwärmung durch die Sonne, die in einer Jahreszeit durch die größere Entfernung der Erde von der Sonne eintritt, wird während der entgegengesetzten Jahreszeit, wenn die Erde sich wieder der Sonne nähert, durch eine Steigerung genau ausgeglichen. Deshalb sind die Gesamtmengen der von beiden Halbkugeln im Laufe eines Jahres aufgenommenen Wärme immer gleich.

Der wirkliche Grund für die größere Kälte der südlichen Hemisphäre wurde viele Jahre später entdeckt. Weil der antarktische Kontinent mit seinem Zentrum über dem Südpol liegt, isoliert von anderen Landmassen und weit entfernt von dem mäßigenden Ein-

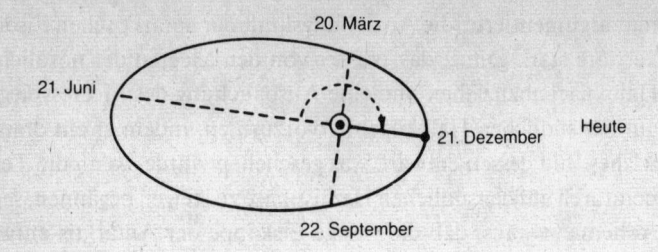

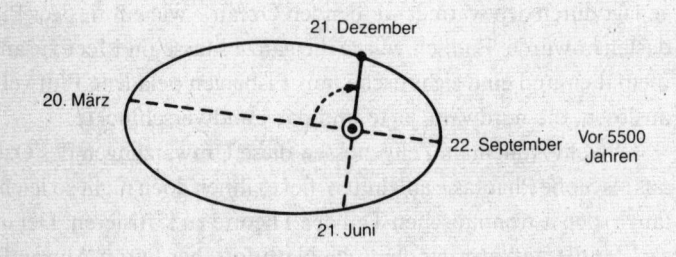

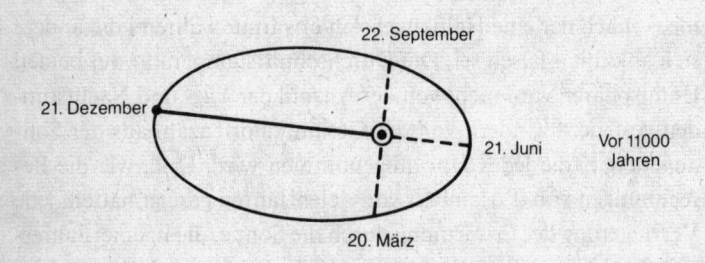

Abb. 16 Präzession der Tag-und-Nacht-Gleichen. Aufgrund der axialen Präzession und anderer astronomischer Bewegungen verschieben sich die Positionen des Äquinoktiums (20. März und 22. September) und der Sonnenwende (21. Juni und 21. Dezember) langsam auf der elliptischen Umlaufbahn der Erde und vollenden alle 22 000 Jahre einen vollen Zyklus. Vor 11 000 Jahren trat die Wintersonnenwende an einem Ende der Umlaufbahn ein. Heute tritt die Wintersonnenwende nahe dem entgegengesetzten Ende der Bahn ein. Als Ergebnis davon verändert sich die Entfernung der Erde zur Sonne bei der Messung am 21. Dezember.

fluß warmer Meeresströmungen, ist der Kontinent kalt genug, um eine permanente Eisdecke zu halten. Die Eisschicht selbst intensiviert die kalten Temperaturen, indem sie einen großen Teil der Sonnenenergie in den Weltraum zurückstrahlt.

Wenn auch Adhémars Theorie sich als falsch herausstellte, war sie doch ein bedeutender Schritt in Richtung auf eine Lösung des Eiszeiträtsels. Der Gedanke, astronomische Phänomene wie die Präzession der Tag-und-Nacht-Gleichen übten eine bedeutsame Wirkung auf das Klima der Erde aus, wurde nicht vergessen und sollte den Weg für künftige Entdeckungen bereiten.

6
Die Astronomische Theorie von James Croll

Als »Revolutions of the Sea« 1842 veröffentlicht wurde, arbeitete der Mann, der schließlich einmal Adhémars Ideen aufgreifen und sie zu einer neuen astronomischen Klimatheorie entwickeln sollte, als Mechaniker in der kleinen schottischen Stadt Banchory. Für James Croll, 21 Jahre alt und besessen von einem tiefgehenden philosophischen Geist, war das Leben hart. In späteren Jahren erinnerte er sich, daß er »im Durchschnitt in einer Woche drei verschiedene Betten belegte und daß diese nicht gerade von der bequemsten Art waren. Wir Mühlenbauer mußten gewöhnlich in die Hütte des Pflügers gehen ... und häufig genug mußten wir unter die Kleider kriechen, um uns vor den Ratten zu schützen.«

Seine Kindheit verbrachte Croll auf der Familienfarm in dem winzigen Dörfchen Wolfhill. Sein Vater, ein Maurer, war den größeren Teil des Jahres nicht zu Hause. Als James 13 Jahre alt wurde, mußte er die Schule verlassen, um seiner Mutter zu Hause zu helfen. Aber trotzdem gelang es ihm, allein weiterzulernen, und bald vertiefte er sich in Bücher über Philosophie und Theologie. Später erinnerte er sich an seine Reaktion auf ein Buch über Physik: »Zunächst war ich verwirrt, doch bald erfüllten mich die Schönheit und Einfachheit der Gedanken mit Entzücken und Erstaunen, und ich begann ernsthaft, das Fach zu studieren.« Es dauert nicht lange, bis seine Ernsthaftigkeit sich zur Besessenheit entwickelte, die Grundprinzipien der Natur verstehen zu können:

»Um ein Gesetz zu verstehen, war ich im allgemeinen gezwungen, mich mit dem vorangegangenen Gesetz oder dem Zustand vertraut zu machen, von dem es abhing. Ich erinnere mich recht gut, daß ich – ehe ich in der Astrophysik weiterkommen konnte – zum Studium der Bewegungsgesetze und der Grundprinzipien der Mechanik zurückkehren mußte. Auf gleiche

Weise studierte ich Pneumatik, Hydrostatik, Licht, Wärme, Elektrizität und Magnetismus.«

Als er 16 Jahre alt war, hatte Croll, wie er es ansah, »recht leidliche Kenntnisse von den allgemeinen Prinzipien dieser Zweige der physikalischen Wissenschaft«. Um aber eine Laufbahn in der Wissenschaft einzuschlagen, mußte er die Universität besucht haben; und das lag weit jenseits der Möglichkeiten seiner Familie. Im Sommer 1837 mußte er sich für einen Beruf entscheiden:

»Nach mehreren Tagen des Überlegens glaubte ich, den Beruf eines Mühlenbauers versuchen zu können. Da mir theoretische Mechanik Spaß machte, kam mir der Gedanke, dieser Beruf könnte der richtige sein... Das war aber, wie ich später feststellte, falsch; denn wenn mir auch die theoretische Mechanik vertraut war, war ich als praktischer Mechaniker kaum Durchschnitt. Die starke natürliche Neigung meines Verstandes zum abstrakten Denken machte mich irgendwie für die praktischen Einzelheiten der täglichen Arbeit ungeeignet.«

Dieser Konflikt zwischen der praktischen Forderung, seinen Lebensunterhalt zu verdienen, und dem Verlangen, zu lesen und zu lernen, sollte Crolls Leben viele Jahre lang beherrschen. Endlich, im Herbst des Jahres 1842, gab er die Arbeit als Mühlenbauer auf und kehrte nach Hause zurück, um Algebra zu studieren. Im Frühjahr darauf nahm er eine Stelle als Schreiner an. Als er merkte, daß diese Beschäftigung ihm zusagte, beschloß er, die Schreinerei zu seinem Beruf zu machen. Unglücklicherweise brach eine Ellenbogenverletzung, die er sich als Junge zugezogen hatte und die niemals ausgeheilt war, erneut auf. 1846 zwangen schließlich zunehmende Schmerzen Croll, sich einen neuen Beruf zu suchen. Bereit, seine Hand an alles zu legen, arbeitete er eine Zeitlang in einem Teeladen und machte schließlich ein eigenes Geschäft auf. In dieser Zeit begegnete Croll Isabelle MacDonald und heiratete sie; das Paar ließ sich in Elgin nieder und erfreute sich eines angenehmen Lebens.

Wie Croll später bemerkte, »sind die Wege der Vorsehung seltsam, denn hätte es in meinem jungen Leben nicht einen einfachen Unfall gegeben, wäre ich höchstwahrscheinlich bis an das Ende meiner Tage ein kleiner Schreiner geblieben«. Befreit von den langen Stunden der Handarbeit hatte er statt dessen Zeit zum Lesen und Nachdenken. Als er eine Abhandlung von Jonathan Edwards über das philosophische Problem des freien Willens entdeckte, beschloß Croll, »am Anfang des Buches zu beginnen und es durchzustudieren, Zeile um Zeile und Seite um Seite, bis ich die Abhandlung gründlich beherrsche. Es ist wahrscheinlich, daß niemand jemals soviel Zeit für das Studium des Buches aufgebracht hat wie ich.«

Hätte Croll für den Laden soviel Energie aufgebracht wie für seine Studien, hätte sein Geschäft sicher geblüht. Sein Biograph und Freund, James C. Irons, kam zu dem Schluß, Croll wäre vom Naturell her für die Rolle eines Ladenbesitzers ungeeignet. »Bis zum Tag seines Todes«, schrieb er, »zeigte Croll ein bescheidenes, scheues, gelassenes und fast wortloses Verhalten, ausgenommen die Gelegenheiten, wenn er unter echten Freunden durch angenehme Unterhaltung aus seiner Reserve gelockt wurde.« Ein anderer Freund stimmte dem zu:

»Es war etwas ganz und gar Außergewöhnliches, den Mann mit dem großen Kopf, der kräftigen Stirn und der freundlichen Haltung, mit dem massigen Körper, harten schwieligen Händen und steifem Arm, hinter der Theke eines Teeladens stehen zu sehen... Niemandem, nicht einmal dem flüchtigsten Beobachter, konnte zu dieser Zeit entgehen, daß hier jemand fehl am Platze war.«

Um 1850 war sein Ellenbogengelenk völlig steif geworden, und Croll war gezwungen, seinen Teeladen zu verkaufen. Eine Zeitlang produzierte und verkaufte er elektrische Geräte zur Linderung körperlicher Leiden und Schmerzen, doch war der Markt für solche Vorrichtungen schnell gesättigt. 1852 wurde Croll Hotelbesitzer.

Um sein schwindendes Kapital zu schonen, stellte er den größten Teil der Möbel für das Hotel selbst her. Der von Croll für sein Unternehmen gewählte Ort war Blairgowrie – ein Städtchen von nur 3500 Einwohnern, weit abgelegen von jeder Bahnlinie, das bereits über insgesamt 16 Gasthöfe und Wirtshäuser verfügte. Was die Sache noch schlimmer machte: Croll erlaubte nicht, daß in seinem Etablissement Whisky ausgeschenkt wurde. Die Folge: Das Hotel mußte schließen, und 1853 fand Croll wieder eine andere Beschäftigung – diesmal als Vertreter für eine Lebensversicherung.

Während der nächsten vier Jahre verkaufte Croll zuerst in Schottland und dann in England Versicherungen. Später nannte er sie die unangenehmste Zeit seines Lebens. »Für jemand wie mich, der von Natur so viel von Zurückgezogenheit, ja sogar von Einsamkeit hielt, war es schmerzlich, sich dauernd an Fremde heranmachen zu müssen.« Trotzdem, er blieb bei dieser Beschäftigung bis 1857, als die Krankheit seiner Frau ihn zwang, bei der Safety Life Assurance Company zu kündigen. Das Paar zog darauf nach Glasgow, wo Isabelle von ihren Schwestern gepflegt werden konnte. Da Croll eine Zeitlang nicht in der Lage war, Arbeit zu finden, »hatte ich jetzt völlige Muße und begann, einige Gedanken über die Metaphysik des Theismus niederzuschreiben, ein Thema, über das ich schon lange gegrübelt hatte«. Er ging nach London und fand einen Verleger für sein Manuskript. »The Philosophy of Theism« erhielt günstige Kritiken, und Croll wie auch sein Verleger profitierten davon.

Zwei Jahre später nahm Croll eine Stelle als Hausmeister im »Andersonian College and Museum« in Glasgow an. »Alles in allem«, erinnerte er sich später, »habe ich mich niemals so wohl gefühlt wie an diesem Institut ... Mein Gehalt war klein, das stimmt schon, nur wenig mehr, als man zum Leben braucht; das wurde aber durch Vorteile anderer Art ausgeglichen.« Denn Croll hatte jetzt Zugang zu einer großartigen wissenschaftlichen Bücherei, und es war ihm möglich, sich seiner »nahezu unwiderstehlichen Neigung zum Studieren hinzugeben, die mich daran hinderte, meine ganze Energie dem Broterwerb zu widmen«.

Zuerst konzentrierte er sich auf Physik und veröffentlichte 1861 eine wissenschaftliche Abhandlung über elektrische Phänomene. In der Folge wandte sich sein Interesse jedoch der Geologie zu. »In dieser Periode«, schrieb er später, »wurde gerade das Problem der Ursache der Eiszeit unter Geologen leidenschaftlich diskutiert. Im Frühjahr 1864 wandte auch ich meine Aufmerksamkeit diesem Thema zu.« Im Laufe dieser Studien stieß Croll auf Adhémars Buch, das vor 25 Jahren veröffentlicht worden war. Obwohl ihm klar war, daß der französische Mathematiker sich irrte, wenn er annahm, eine Veränderung in der Länge der warmen und kalten Jahreszeiten könnte eine Eiszeit auslösen, war Croll doch überzeugt, ein anderer astronomischer Mechanismus müsse hinter diesen geologischen Phänomenen stecken.

Croll war vertraut mit neueren Forschungen des großen französischen Astronomen Urbain Leverrier, der entdeckt hatte, daß der Grad der Streckung der Umlaufbahn, technisch bekannt als Umlaufexzentrizität, sich langsam, aber fortlaufend verändert. Hier gab es einen astronomischen Faktor, den Adhémar nicht berücksichtigt hatte. Der französische Naturforscher hatte seine Eiszeittheorie um das Präzessionstaumeln der Erdachse aufgebaut – und hatte angenommen, die Form der Umlaufbahn selbst bliebe unverändert. Croll kam auf den Gedanken, die Veränderungen in der Umlaufexzentrizität könnten die eigentliche Ursache der Eiszeiten sein. Dementsprechend schrieb er eine Abhandlung über das Thema, die im »Philosophical Magazine« vom August 1864 veröffentlicht wurde.

»Das Papier erregte recht große Aufmerksamkeit, und mir wurde wiederholt geraten, ausführlicher auf das Thema einzugehen; und da mir der Weg neu und interessant zu sein schien, beschloß ich, ihn bis zum Ende zu verfolgen. Ich hatte aber zu dem Zeitpunkt meiner Entschlußfassung kaum den Verdacht, es könnte ein derart verschlungener Weg sein, so daß volle 20 Jahre vergehen würden, ehe ich wieder herausfand.«

Crolls erster Schritt war, sich mit der mathematischen Theorie vertraut zu machen, mit deren Hilfe Leverrier in der Lage war, zu berechnen, wie sich die Exzentrizität der Erdumlaufbahn veränderte. Diese Theorie war eine direkte Anwendung von Newtons Schwerkraftgesetz: Jeder Planet des Sonnensystems übt eine Kraft aus, die dazu neigt, die Erde aus ihrer regulären elliptischen Bahn um die Sonne herauszuziehen. Weil jeder Planet sich mit unterschiedlicher Geschwindigkeit um die Sonne dreht, variiert die kombinierte Anziehungskraft der Planeten, die sie auf die Erde ausüben, mit der Zeit auf eine komplizierte, aber doch voraussagbare Weise. Was Leverrier getan hatte, war dies: mit Hilfe damals verfügbaren Informationen über die Umlaufbahnen und Massen der Planeten auszurechnen, wie sich die Form der Erdbahn – wie auch der Grad ihrer Achsenneigung – in den vergangenen 100 000 Jahren verändert hatte. Leverrier brauchte 10 Jahre für die schwierigen Berechnungen, die erforderlich waren, um diese Schwankungen auf einer Zeitskala festzulegen. Die 1843 veröffentlichen Berechnungen basierten auf den Umlaufbahnen und Massen der damals bekannten sieben Planeten und führten zur Entdeckung des Planeten Neptun. Leverrier hatte die Umlaufexzentrizität gemessen, indem er den Abstand zwischen den Brennpunkten auf der langen Achse der Ellipse als Prozentsatz spezifizierte. Wenn eine Ellipse sich der Kreisform nähert, bewegen sich die beiden Brennpunkte aufeinander zu, bis die Exzentrizität der Ellipse den Wert Null erreicht (Abb. 17). Oder: Je mehr die Ellipse sich ausdehnt, desto weiter rücken die Brennpunkte voneinander ab, bis die Exzentrizität 100 Prozent erreicht. Zur Zeit ist die Erdbahn nur geringfügig exzentrisch (etwa ein Prozent). Wie Leverrier aufzeigte, ändert sich die Form der Ellipse ständig, so daß der Grad der Exzentrizität in den vergangenen 100 000 Jahren von einem Tief nahe Null bis zu einem Hoch von etwa sechs Prozent variierte.

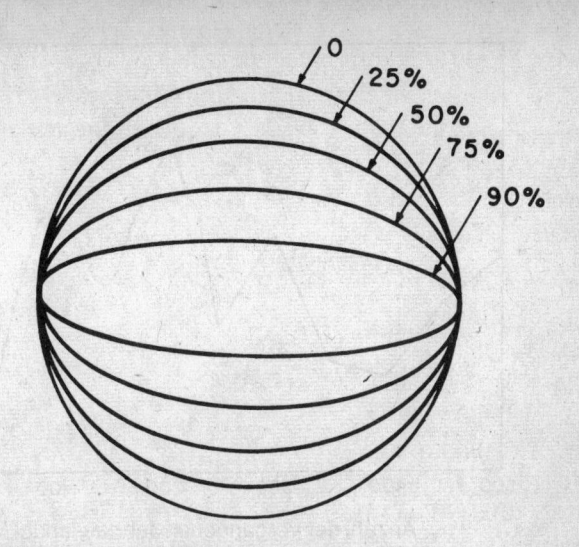

Abb. 17 Ellipse mit unterschiedlichen Exzentrizitäten

Unter Verwendung der von Leverrier entwickelten Formeln berechnete Croll die Umlaufexzentrizität für eine Darstellung der Daten über den Zeitraum der letzten drei Millionen Jahre und zeichnete eine Kurve als graphische Veranschaulichung der Veränderungen (Abb. 18). Croll war der erste Geologe, der die Umlaufgeschichte der Erde anhand solcher Kurven untersuchte. Er entdeckte die zyklischen Veränderungen in der Exzentrizität der Umlaufbahn: Intervalle mit starker Exzentrizität, viele Zehntausende von Jahren andauernd, wechseln sich ab mit langen Intervallen von geringer Exzentrizität. Als er feststellte, daß vor etwa 100 000 Jahren die Umlaufbahn der Erde sich im Stadium einer starken Exzentrizität, während der letzten 10 000 Jahre in einem Stadium von geringer Exzentrizität befand, kam Croll zu dem Schluß, daß das, was Eiszeiten verursacht, etwas mit einer stark gedehnten Umlaufbahn zu tun haben müsse.

Seine ersten Bemühungen in dieser Richtung waren enttäuschend, denn Leverrier hatte aufgezeigt, daß die gesamte von der

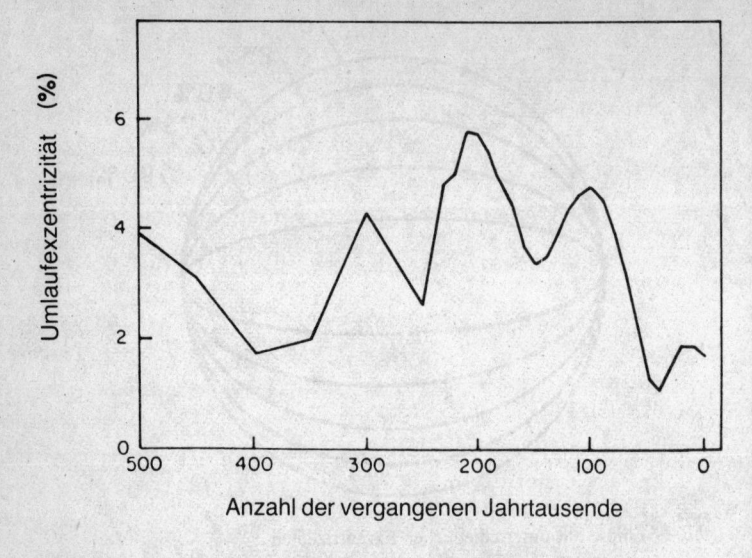

Abb. 18 Umlaufexzentrizitäten, berechnet von James Croll. Nach Crolls Theorie traten Eiszeiten in Epochen starker Umlaufexzentrizität auf (Daten von J. Croll, 1867).

Erde aufgenommene Wärmemenge eines ganzen *Jahres* von den Schwankungen der Umlaufexzentrizität praktisch unbeeinflußt bleibt. Davon nicht entmutigt, konnte Croll aufzeigen, daß die Intensität der von der Erde in einer *Jahreszeit* aufgenommenen Strahlung durch die Veränderungen der Exzentrizität stark beeinträchtigt wird. Er machte sich daran, vor diesem Hintergrund eine Theorie über die Eiszeiten aufzustellen.

Croll argumentierte, daß eine Verminderung der während des *Winters* aufgenommenen Menge Sonnenlichts die Anhäufung von Schnee begünstigte. Außerdem müsse jede noch so kleine anfängliche Vergrößerung des von Schnee bedeckten Gebiets zu einem zusätzlichen Wärmeverlust führen, weil mehr Sonnenlicht zurück in den Weltraum reflektiert werde. Deshalb würde (nach Crolls Schlußfolgerung) jede astronomisch verursachte Veränderung der Sonnenstrahlung (und sei sie noch so klein) durch die Schneefelder selbst verstärkt. Croll war der erste Wissenschaftler, der diesen bedeutenden Gedanken entwickelte, der heute als »positive feedback« (positive Rückwirkung) bezeichnet wird.

Nachdem er bewiesen hatte, daß der Winter die kritische Jahreszeit für die Erzeugung einer Eiszeit ist, ging Croll zur Bestimmung der astronomischen Faktoren über, die die während des Winters aufgenommene Sonnenlichtmenge (das Strahlungsquantum) steuern. Er kam zu dem Schluß, die Präzession der Tag-und-Nacht-Gleichen müsse eine entscheidende Rolle spielen. Bei sonnennaher Position der Erde (wie es zur Zeit auf der nördlichen Hemisphäre der Fall ist), sind die Winter wärmer als gewöhnlich. Andererseits sind die Temperaturen bei großem Abstand der Erde von der Sonne niedriger als üblich (wie es auf der nördlichen Halbkugel vor 11 000 Jahren der Fall gewesen sein müsse).

Wenn auch aus einem anderen Grund, war Croll zur selben Schlußfolgerung wie Adhémar 25 Jahre früher gelangt: Alle 11 000 Jahre führt der Präzessionszyklus auf dieser oder jener Halbkugel zu einem kälteren Winterklima. Croll zeigte dann auf, daß es von Veränderungen in der Form der Umlaufbahn abhängt, wie wirksam der Präzessionstaumel bei der Veränderung der Intensität der Jahreszeiten ist. Wäre die Umlaufbahn beispielsweise kreisförmig, hätte die Präzession der Tag-und-Nacht-Gleichen überhaupt keine Auswirkungen auf das Klima, denn alle Jahreszeiten würden dann bei gleichem Abstand von der Sonne beginnen. Während einer solchen Zeitspanne der Null-Exzentrizität wären die Winter von durchschnittlicher Intensität – weder außergewöhnlich kalt noch außergewöhnlich warm. Croll stellte fest, daß die derzeitigen Bedingungen in etwa diesem hypothetischen entsprächen, denn die Umlaufexzentrizität betrüge nur ungefähr ein Prozent. Das ließ ihn folgern, daß während einer Epoche geringer Exzentrizität die Winter nicht kalt genug seien, um eine Eiszeit herbeizuführen, ganz gleich, wo auf der Erdumlaufbahn die Wintersonnenwende einträte. Aber in Epochen größerer Exzentrizität entstehen außergewöhnlich warme Winter, wenn diese Sonnenwende nahe der Sonne am kurzen Ende der Umlaufbahn eintritt; und außerordentlich kalte Winter sind das Ereignis, wenn sie weit von der Sonne entfernt am langen Ende der Ellipse eintritt.

Crolls Theorie zieht sowohl den Präzessionszyklus wie auch die Schwankungen in der Form der Erdbahn in Betracht. Sie sagt voraus, daß die eine oder andere Hemisphäre eine Eiszeit erleben wird, sobald zwei Bedingungen gleichzeitig eintreten: eine merklich gestreckte Umlaufbahn und eine weit von der Sonne entfernte Wintersonnenwende. Abb. 19 zeigt, wie Croll sich das Zusammenwirken dieser beiden Faktoren bei der Veränderung des Erdabstands von der Sonne und damit ihres Klimas vorstellte. Wenn die Erde am 21. Dezember weit von der Sonne entfernt ist, tritt auf der nördlichen Halbkugel eine Eiszeit ein. Ist sie an diesem Tag der Sonne nahe, tritt auf der südlichen Halbkugel eine Eiszeit ein. Die einzelnen Eiszeiten dauern etwa 10 000 Jahre und erfolgen erst auf der einen Hemisphäre und dann als Antwort auf den 22 000jährlichen Präzessionsrhythmus auf der anderen. Die langen Intervalle, in denen die Exzentrizität der Umlaufbahn groß genug ist, um auf der einen oder anderen Halbkugel eine Eiszeit zu verursachen, werden Glaziale (Eisperioden) genannt; die sie trennenden Intervalle sind die Interglazialen (Zwischeneisperioden). Nach dieser Auffassung begann die letzte Eisperiode etwa vor 250 000 Jahren und endete vor ungefähr 80 000 Jahren. Seitdem befindet sich die Erde in einer Zwischeneisperiode.

Obwohl Croll keinen Zweifel hegte, daß die Schwankungen in der Erdbahn der Auslöser seien für die Veränderungen im Klima, war er dennoch besorgt, der Umfang der durch die geologischen Gegebenheiten ausgelösten klimatischen Veränderungen könnte zu groß sein, um (noch) durch die recht feinen Veränderungen der Bahngeometrie erklärt zu werden – auch wenn diese durch die Reflexion von Sonnenlicht verstärkt würden. War es wirklich möglich, daß ein Anwachsen der Umlaufexzentrizität von nur zwei

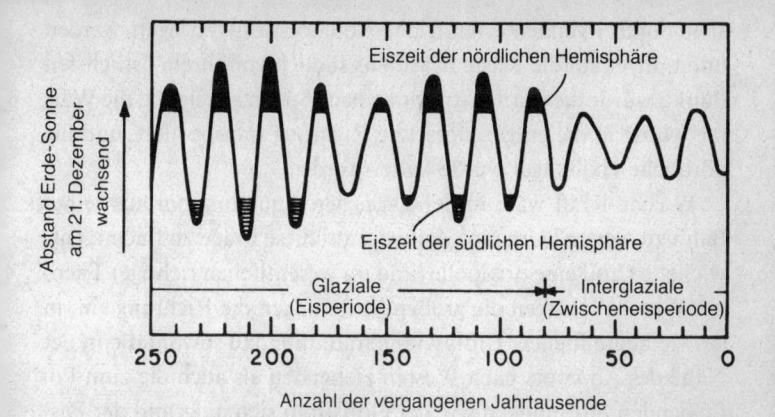

Abb. 19 Crolls Eiszeittheorie. Croll glaubte, Eiszeiten würden von Veränderungen im Abstand zwischen Erde und Sonne, gemessen am 21. Dezember, verursacht. Wenn dieser Abstand einen kritischen Wert übersteigt, sind die Winter auf der nördlichen Halbkugel kalt genug, um eine Eiszeit auszulösen; liegt dieser Abstand unter dem kritischen Wert, tritt eine Eiszeit auf der südlichen Halbkugel ein. In Eisperioden ist die Exzentrizität der Umlaufbahn so groß, daß diese kritischen Grenzen oft überschritten werden.

oder drei Prozent zur Bildung von Eisdecken führen könnte, die so massig sind, daß sie den größten Teil Europas und Nordamerikas bedecken? Crolls Bedenken nahmen Einwände vorweg, die später von anderen Forschern erhoben wurden. Er ging an das Problem mit der ihm eigenen Genialität heran, indem er hypothetisch davon ausging, daß die Veränderungen der Umlaufbahn als Auslösungsmechanismus fungieren, der in der Lage ist, eine starke Reaktion im Klimasystem der Erde in Gang zu setzen. Um herauszufinden, welcher Art diese klimatische Reaktion sein könnte, wandte Croll sich den großen warmen Strömungen des Atlantischen Ozeans zu.

Heute wird die sich quer zum Äquator westwärts bewegende Strömung an der Küste Brasiliens nach Norden abgelenkt und vereinigt sich mit dem Golfstrom. Auf diese Weise wird Wärme von der südlichen auf die nördliche Hemisphäre transportiert. Sollte aber durch irgendeine Kraft der Äquatorstrom verlagert werden und träfe er auf die Küste Brasiliens südlich von ihrem östlichsten Punkt, würde die warme Strömung nach Süden abgelenkt, die Wärme würde in die entgegengesetzte Richtung transportiert, und die nördliche Halbkugel würde kälter werden.

Welche Kraft wäre in der Lage, den Äquatorstrom aus seiner Bahn zu werfen? Um eine Antwort auf diese Frage zu finden, entwickelte Croll eine originelle (und im wesentlichen richtige) Theorie. Warum schlagen die großen Strömungen die Richtung ein, in der sie heute fließen. Croll wies darauf hin, daß sowohl die in der Nähe des Äquators nach Westen ziehenden als auch die zum Pol fließenden Strömungen wie der Golfstrom sich aufgrund der Passatwinde bewegen – ganz ähnlich dem Wasser in einer Teetasse, das durch das Daraufblasen bewegt wird – und daß die Geschwindigkeit dieser Passatwinde wiederum von der Temperatur in den Polregionen abhängt. Sollte die Polarregion der einen Halbkugel erkalten, wäre ein stärkerer Wärmetransport erforderlich, um den Strahlungshaushalt der Erde auf dieser Hemisphäre wieder auszugleichen – und die Passatwinde würden heftiger wehen. Kurz, je kälter die Pole, desto stärker die Winde. Croll kam durch diese Analyse zu folgendem Schluß: Wenn der Präzessionszyklus die Eisdecken der einen Halbkugel sich ausdehnen läßt, zwingt die sich daraus ergebende Steigerung der Stärke der Passatwinde auf dieser Hemisphäre die warmen Äquatorströme in allen Ozeanen zu einer Verlagerung auf die andere Halbkugel und bewirkt so einen noch größeren Wärmeverlust. Diese Wirkung wäre nach Crolls Meinung besonders ausgeprägt in den niedrigen Breitengraden des Atlantiks, wo eine Ausbuchtung in der Küstenlinie Brasiliens den Äquatorstrom entweder nach Norden oder nach Süden ablenken könnte. So wird also die unmittelbare Wirkung jeder astronomisch geförderten Veränderung der Strahlung – bereits einmal verstärkt durch den Effekt des Reflexions-»Feedback« – noch einmal verstärkt durch die Veränderung in der Orientierung der Meeresströmungen.

Croll hätte keine günstigere Zeit für die Veröffentlichung seiner Theorie wählen können. Um 1864 waren William Buckland und Charles Lyell durch Agassiz überzeugt worden, die Eiszeitthese war fast allgemein anerkannt worden, und die Geologen waren begierig darauf, eine Erklärung für den Eiszeitzyklus zu erhalten. Croll bot ihnen eine sorgfältig begründete Theorie, die durch einen Vergleich der geologischen Geschichte des Klimas mit den astronomischen Voraussagen nachgeprüft werden konnte.

Unter den vielen von Crolls Abhandlungen beeindruckten Wissenschaftlern war Sir Archibald Geikie, der neuernannte Direktor des »Geological Survey of Scotland« (Geologisches Vermessungsamt). Eifrig bemüht, sich seine Dienste zu sichern, drängte Geikie Croll, seine Position in Glasgow zu verlassen und eine Berufung an das Geologische Vermessungsamt anzunehmen. Croll nahm das Angebot von Geikie 1867 an, zog nach Edinburgh und setzte seine Forschungen fort.

1875 veröffentlichte Croll »Climate and Time« (Klima und Zeit), ein Buch, in dem seine Ansichten über die Ursache der Eiszeiten zusammengefaßt sind. In diesem Buch ließ Croll sich über seine ursprüngliche Theorie aus, indem er Leverriers Berechnung heranzog, nach der die Neigung der Erdachse (wie auch die Exzentrizität ihrer Umlaufbahn) im Lauf der Zeit variierten. Bei einer Neigung von zur Zeit $23^{1}/_{2}°$ aus der Senkrechten schwankt dieser Wert innerhalb eines Bereichs von $3°$, von einem Minimum von $22°$ bis zum Maximum von $25°$. Croll stellte die Hypothese auf, daß eine Eiszeit mit größerer Wahrscheinlichkeit in den Zeitspannen eintreten würde, in denen die Achse näher an der Senkrechten liegt, weil dann die Polarzonen ein geringeres Strahlungsquantum aufnehmen. Leider hatte Leverrier nicht den Zeitablauf dieser Neigungsschwankung bestimmt; deshalb war es Croll nicht möglich, diesen wichtigen Teil der Argumentation weiterzuverfolgen.

Im Jahr nach der Veröffentlichung seines Buches wurde Croll zum Mitglied der Royal Society of London berufen. Später erhielt er den »Dr. jur.« der Universität von St. Andrews. Jener Mann, der seine berufliche Laufbahn als Mechaniker in Banchory begonnen hatte, einen Teeladen in Elgin betrieben hatte, als Gastwirt in Blairgowrie gescheitert war und als Hausmeister in Glasgow gear-

Abb. 20 Foto von James Croll (aus J. C. Irons, 1896).

beitet hatte, war zu einem weltbekannten Wissenschaftler geworden (Abb. 20). Das Schicksal sollte aber Croll nicht lange hold sein. 1880, im Alter von 59 Jahren, erlitt er durch, wie er es nannte, einen alltäglichen Unfall eine schwere Kopfverletzung und war gezwungen, aus dem »Geological Survey« auszuscheiden. Von da an bis zu seinem Tod zehn Jahre später, focht Croll einen erfolglosen Rechtsstreit um die ihm zustehende volle Pension.

Schließlich waren die Crolls durch mehrere Zuwendungen von wissenschaftlichen Gesellschaften doch noch in der Lage, ein kleines Haus nahe Perth zu beziehen, wo James trotz fast unaufhörlicher Kopfschmerzen fortfuhr, zu lesen und zu schreiben. Fünf Jahre lang arbeitete er an der Verbesserung seiner Eiszeittheorie, doch 1885 ließ er seine wissenschaftlichen Studien fallen und kehrte zu seiner ursprünglichen Leidenschaft zurück – zur Philosophie. 1890 veröffentlichte er ein kleines Buch, »The Philosophical Basis of Evolution« (Die philosophische Grundlage der Evolution). Im gleichen Jahr erhielt Croll Besuch von Freunden, die das Erscheinen des Buches mit einem Glas Whisky feierten. Sie waren überrascht, als der enthaltsame Wissenschaftler »den fast einzigen kleinen Scherz«, den sie ihn jemals hatten murmeln hören, machte: »Ich nehm' einen winzigen Tropfen davon«, sagte er, »ich glaub' nicht, daß große Gefahr für mich besteht, jetzt noch zum Trinker zu werden.« Wenige Tage später starb er im Alter von 69 Jahren.

7
Debatte über Crolls Theorie

Crolls Theorie machte einen unmittelbaren und tiefgehenden Eindruck auf die Welt der Wissenschaft. Hier lag endlich eine plausible Theorie der Eiszeiten vor, die durch einen Vergleich mit der bekannten geologischen Geschichte nachgeprüft werden konnte. In den folgenden 30 Jahren wurden Crolls Ideen leidenschaftlich debattiert: Wissenschaftliche Expeditionen wurden organisiert, um in Driftablagerungen überall auf der Welt zu graben; Artikel in Wissenschaftsjournalen untersuchten Einzelheiten der Crollschen Theorie; und Argumente pro und kontra füllten viele Seiten der geologischen Lehrbücher.

James Geikie, Professor an der Universität von Edinburgh, der Bruder von Archibald Geikie, war einer der ersten, der sich für die Unterstützung Crolls stark machte. Sein Buch »The Great Ice Age« (Die große Eiszeit), 1874 veröffentlicht, war die erste längere Abhandlung über das Eiszeitproblem seit Agassiz' »Studies on Glaciers« im Jahre 1840. Geikie durchleuchtete kritisch mehrere konkurrierende Theorien, einschließlich des Gedankens des Landanstiegs von Lyell, und verwarf sie, »weil sie alle gleichermaßen den Forderungen nach geologischen Beweisen nicht genügen«.

Er argumentierte, daß die geologischen Gegebenheiten Crolls Vorstellung von einem astronomisch bedingten Zyklus sich wiederholender Eiszeiten stark unterstützten.

Geikie begründete dies mit kürzlich entdeckten Beweisen dafür, daß eine Drift keine einfache, von einem einzigen Gletscher zurückgelassene Ablagerung sei, wie Agassiz angenommen hatte, sondern eine komplizierte, aus vielen getrennten Lößschichten bestehende Ablagerung – wobei jede Schicht die Ablagerung eines einzelnen Gletschers darstelle. Außerdem fand man häufig Lößschichten, die durch Schichten von Torf getrennt waren, mit darin enthaltenen Samen und Blättern von Pflanzen, die während einer Eiszeit nicht hätten überleben können. Demnach ließ die Sedimentfolge keinen Raum für Argumente – in der Vergangenheit hatte es mehrere Eiszeiten gegeben, und diese waren durch wärmere, gletscherlose Epochen voneinander getrennt gewesen. Gerade ein solcher Zyklus von sich wiederholenden Eiszeiten war durch Crolls Theorie vorausgesagt worden.

An manchen Stellen wurden nur zwei Lößschichten gefunden, an anderen dagegen mindestens sechs getrennte Eiszeiten, wobei jeder eine warme Zwischenperiode gefolgt war. Dieser Nachweis kam in erster Linie aus Europa, doch Geikie war so gründlich, in sein Buch ein Kapitel über Vergletscherungen in Nordamerika aufzunehmen, geschrieben von dem amerikanischen Geologen Thomas C. Chamberlin. Chamberlin zeigte nordamerikanische Driftablagerungen, die aus mindestens drei Lößschichten bestanden. Um diesen Punkt hervorzuheben, veröffentlichte Geikie ein Foto, das drei Lößschichten von unterschiedlicher Farbe übereinandergelagert zeigte, aufgenommen bei Stone Creek, Indiana.

Zur gleichen Zeit, da Geikie und seine Kollegen die Geschichte der Eiszeiten enträtselten, wie sie in den lockeren Ablagerungen von Gletschern zu erkennen war, arbeiteten andere Geologen daran, die ganze Geschichte der Erde zu schreiben, wie sie sich im Fels unter der Drift darbot (Abb. 21). Zwischen 1830 und 1865 hatte Lyell eine Serie von Namen eingeführt, mit denen er die gesamte geologische Zeit in Perioden von unbekannter, aber vermutlich immenser Länge unterteilte (Abb. 22). Mit der Entdeckung einer Vielzahl von Eiszeiten und der Erkenntnis, daß die Eiszeitfolge eine beträchtliche Zeit überspannen müsse, begannen sich die Geologen natürlich zu fragen, wo der Eiszeitzyklus in Lyells Schema eingeordnet werden sollte. Vermutlich kam es zu Eiszeiten in Lyells jüngster Ära, dem Känozoikum. Wie weit reichten sie aber in der Zeit zurück?

1846 behauptete Edward Forbes, die Post-Pliozän-Periode müs-

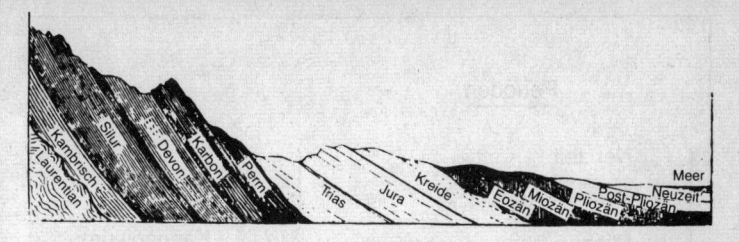

Abb. 21 Folge von Fossilien enthaltenden Schichten nach Charles Lyell. Die gesamte Erdgeschichte wurde von Lyell in mit Namen bezeichnete geologische Perioden unterteilt, wobei jede einzelne durch eine Gruppe von Sedimentgestein dargestellt war. Die älteste Periode wurde »Laurentian« (nach einer Fundstelle am St. Lawrence Strom in Kanada) genannt (aus C. Lyell, 1865).

se jene Zeitspanne sein, die die glazialen und interglazialen Ablagerungen der Drift geformt hatte, und er schlug vor, den Ausdruck »Pleistozän« – den Lyell in ganz anderer Bedeutung schon sieben Jahre früher gewählt hatte – anstelle des Ausdrucks »Post-Pliozän« zu gebrauchen. Forbes' Vorschlag wurde weitgehend angenommen und bildet die Grundlage für den heutigen Gebrauch. Viele Geologen benutzen heute auch den Ausdruck »Holozän-Epoche« (anstelle von »Neuzeitlicher Periode«), um unsere derzeitige postglaziale oder post-pleistozäne Zeit zu bezeichnen. Bei dieser Anwendung bilden die Holozän- und die Pleistozän-Epochen zusammen die Quartär-Periode – jene Periode, die Klimaschwankungen zwischen glazialen und interglazialen Stadien beweist (Abb. 23).

Als die Erforschung der Erdgeschichte über das Stadium der Erkundung hinausging, förderten die Geologen einen neuen Aspekt des Eiszeiträtsels ans Tageslicht. Spuren von Vergletscherung wurden in paläozoischem und präkambrischem Gestein entdeckt, das weitaus älter war als die pleistozäne Drift. Nun mußten die Geologen nicht nur die relativ jungen Eiszeiten der pleistozänen Epoche erklären, sondern auch die viel älteren Eiszeiten – sowie die langen warmen Zeitspannen, die dazwischen lagen. Eine Antwort auf diese Frage sollte erst im nächsten Jahrhundert gefunden wer-

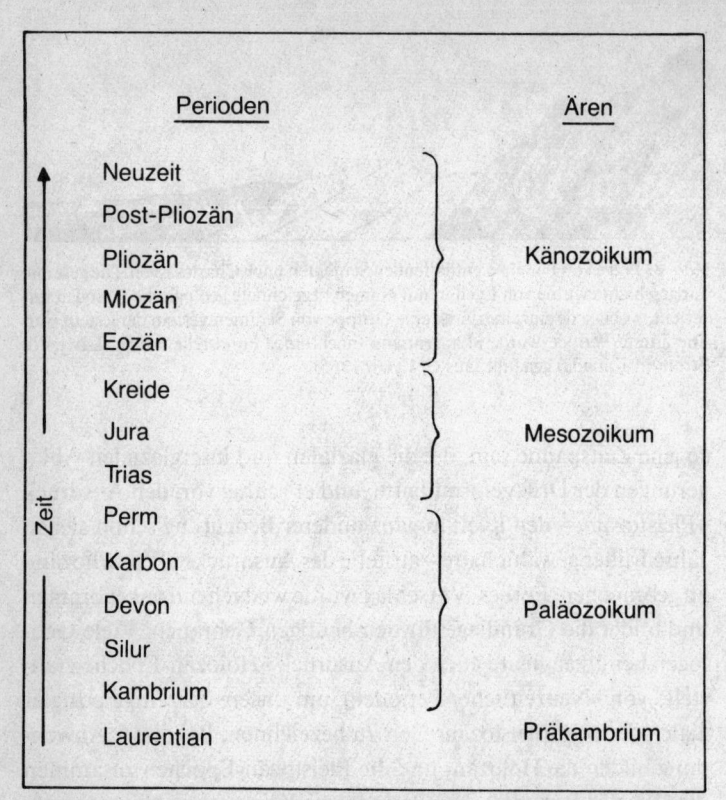

Perioden	Ären
Neuzeit	
Post-Pliozän	
Pliozän	Känozoikum
Miozän	
Eozän	
Kreide	
Jura	Mesozoikum
Trias	
Perm	
Karbon	
Devon	Paläozoikum
Silur	
Kambrium	
Laurentian	Präkambrium

Abb. 22 Lyells Klassifizierung der Erdgeschichte. Die in Abb. 21 gezeigten geologischen Perioden wurden von Charles Lyell in Ären zusammengefaßt. In einer früheren Version seiner Klassifizierung hatte Lyell den Ausdruck »Pleistozän« für die unmittelbar dem Pliozän folgende Periode vorgeschlagen. 1865 hat er jedoch diese Praxis aufgegeben (aus C. Lyell, 1865).

den (wie im Epilog beschrieben). In der Zwischenzeit war das Problem der Nachprüfung von Crolls Theorie über die Eiszeiten des Pleistozän Herausforderung genug.

Obwohl die Mehrzahl der Geologen mit Geikie darin übereinstimmte, daß die Vielzahl von Vergletscherungen im Pleistozän für

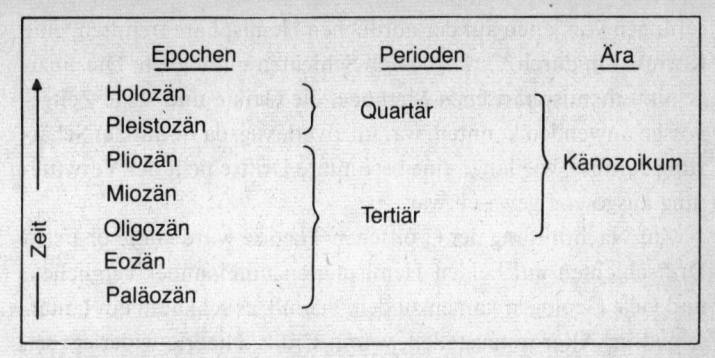

	Epochen	Perioden	Ära
	Holozän	⎫ Quartär	⎫
	Pleistozän	⎭	
	Pliozän	⎫	Känozoikum
	Miozän		
Zeit	Oligozän	Tertiär	
	Eozän		
	Paläozän	⎭	

Abb. 23 Die moderne Klassifizierung der Känozoischen Ära. Im modernen Gebrauch wird der Ausdruck »Pleistozän« für die Bezeichnung einer Zeitspanne verwendet, die unmittelbar auf die Pliozän-Epoche folgt.

die astronomische Theorie sprach, glaubten andere, das wenige, das über die klimatische Geschichte der südlichen Hemisphäre bekannt war, spräche dagegen. Der Streitpunkt war Crolls Voraussage, Eiszeiten würden in Perioden starker Exzentrizität alle 11 000 Jahre abwechselnd auf den Hemisphären auftreten. Wenn nachgewiesen werden konnte, daß Eiszeiten gleichzeitig auf beiden polaren Halbkugeln vorkommen, war Crolls Theorie widerlegt. Umgekehrt wurde die Theorie stark untermauert, wenn gezeigt werden konnte, daß die Vergletscherungen tatsächlich zwischen den Hemisphären abwechseln.

Leider lag die Lösung des Problems, welches dieser geschichtlichen »Drehbücher« nun richtig war, jenseits der Möglichkeiten der Wissenschaft des 19. Jahrhunderts. Der einzig sichere Weg, Sedimentschichten in weit getrennten Regionen aufeinander zu beziehen, war das Auffinden von mindestens einer Schicht, die von einer Region zur anderen ohne Unterbrechung verfolgt werden konnte. Obwohl Eiszeitablagerungen in Südamerika, Afrika und Australien gefunden worden waren, machten die Ozeane, die diese Ablagerungen von jenen auf der nördlichen Hemisphäre trennten, eine Korrelation durch Verfolgen von Schichten unmöglich. Die einzige »interhemisphärische« Methode, die Geikie und seine Zeitgenossen anwenden konnten, war unzuverlässig, da sie auf der Schätzung beruhte, wie lange eine bestimmte Driftschicht der Verwitterung ausgesetzt gewesen war.

Zur Nachprüfung der Crollschen Theorie wurden die obersten Driftschichten auf beiden Hemisphären miteinander verglichen, und viele Geologen kamen zu dem Schluß, es sei kaum ein Unterschied im Alter festzustellen, womit Crolls Theorie widerlegt sei. Andere wiesen aber darauf hin, daß der Grad der Verwitterung nicht nur vom Alter bestimmt werde, sondern auch von der Verfügbarkeit von Wasser, von der Porosität des Sediments, der Durchschnittstemperatur und anderen Umweltfaktoren, deren Wirkung nur schwer abzuschätzen sei. Außerdem könne dieses Argument gegen Crolls Theorie nicht entscheidend sein, solange nicht zu beweisen wäre, daß Schätzungen der Vewitterungsintensität genau genug seien, um zwischen zwei Lößschichten zu unterscheiden, deren Altersdifferenz nur 11 000 Jahre betrage. An diesem entscheidenden Punkt gingen die Meinungen weit auseinander. Geikie selbst war der Auffassung, die beiden Hemisphären wären zu unterschiedlichen Zeiten vergletschert gewesen. Er war jedoch vorsichtig und gab zu, seine Meinung sei nicht zu beweisen. Im Gegensatz dazu meinte der Geologe James. D. Dana von der Yale-Universität, daß »es keinen bisher bekannt gewordenen Beweis gibt, wonach die Gletscherperioden der beiden Hemisphären nicht im wesentlichen gleichzeitig in ihren Epochen eintraten«.

Die wirkungsvollste Einzelprüfung von Crolls Theorie wäre ein Vergleich der Daten, die er für einzelne Eiszeiten berechnete, mit tatsächlichen Daten. Crolls Theorie würde stark untermauert, wenn gezeigt werden könnte, daß die tatsächliche Folge von Eiszeiten mit der durch seine Theorie postulierten Folge übereinstimmte. Wie konnte aber das genaue Alter von glazialen Ablagerungen bestimmt werden? Wiederum waren die technischen Möglichkeiten der Wissenschaft des 19. Jahrhunderts unzulänglich. Das Problem der Fixierung einer genauen Chronologie für die Eiszeiten wurde als das Zentralproblem bei der Nachprüfung der astronomischen Theorie erkannt. Erst viel später wurde dieses Problem zufriedenstellend gelöst.

In der Zwischenzeit unternahmen die Geologen des 19. Jahrhunderts einen genialen Versuch, zumindest ein Datum in der Eiszeitchronologie zu fixieren. Sie untersuchten die Landschaft um den Ort Niagara Falls. Bereits 1829 hatte Robert Bakewell jr. bemerkt, daß der Niagara-Fluß über eine Driftablagerung strömte (eine Ablagerung, die natürlich als das Werk einer großen Flut interpretiert wurde). Er kam zu dem Schluß, der Fluß hätte seine derzeitige Position erst seit Ablagerung der Drift eingenommen. Seit jener Zeit habe das strömende Wasser die Felsschicht, die den Rand der berühmten Fälle bildet, erodiert und dadurch eine langsame Rückwärtsbewegung der Position der Wasserfälle bewirkt, wodurch eine sensationelle Schlucht entstanden sei. Unter Verwendung von Beobachtungen, die langansässige Bewohner des Gebiets um Niagara Falls angestellt hatten, schätzte Bakewell die Rezessionsgeschwindigkeit der Fälle auf etwa einen Meter pro Jahr. Nach Messung der Länge der Schlucht glaubte er, daß ungefähr 10 000 Jahre seit Bildung der Drift vergangen seien. Bei seinem Besuch in Niagara Falls im Jahre 1841 identifizierte Charles Lyell die Drift als Gletscherablagerung und reduzierte Bakewells Schätzung der Rezessionsgeschwindigkeit auf 30 Zentimeter pro Jahr. Nach Lyell hatte demnach das Eis vor etwa 30 000 Jahren begonnen, zurückzuweichen. Die Angelegenheit blieb unbeachtet, bis das Interesse an Crolls Theorie die Aufmerksamkeit der Geologen auf das Problem der Messung postglazialer Zeit konzentrierte. Lyell wies dann darauf hin, daß sowohl seine wie auch Bakewells Schätzung noch weit von der 80 000-Jahre-Marke, die Croll berechnet hatte, entfernt seien. Mehrere Untersuchungen wurden mit dem Ziel unternommen, ein genaueres Datum für den letzten Gletscherrückzug zu bestimmen, die Ergebnisse waren aber für jene entmutigend, die an die Astronomische Theorie glaubten, Die revidierten Schätzungen reichten von 6000 bis 32 000 Jahre und nahmen viele Geologen gegen Crolls Theorie ein – trotz der Warnungen, daß die Schätzungen großen Irrtümern unterlägen. Die amerikanische Unterstützung der Crollschen Theorie ließ noch mehr nach, als der Landesgeologe von Minnesota, Newton H. Winchell, die Rezessionsgeschwindigkeit der Fälle von St. Anthony im Mississippi nahe Minneapolis untersuchte und zu dem Schluß kam, die Dauer der postglazialen Zeit betrage nur 8 000 Jahre.

Um 1894 war die Mehrheit der Wissenschaftler in Amerika gegen Crolls Theorie. Die amerikanische Auffassung, ohne Zweifel durch die Zeugnisse von Niagara und St. Anthony beeinflußt, wurde von James D. Dana in einem einflußreichen Lehrbuch zusammengefaßt: »[Crolls Theorie] wird von amerikanischen Geologen abgelehnt, weil die glaziale Periode, entsprechend den amerikanischen Fakten, vor nicht mehr als 10 000, höchstens aber 15 000 Jahren zu Ende ging, anstatt vor 150 000 oder mindestens 80 000 Jahren, wie die Exzentrizitätshypothese besagt.«

Zur gleichen Zeit folgte die Mehrheit der europäischen Geologen James Geikie, der Crolls Theorie stark unterstützte. Geikie faßte seine Gründe wie folgt zusammen:

»Die Astronomische Theorie scheint die beste Lösung des Gletscherrätsels zu bieten. Sie deckt alle Leitfakten ab, das Auftreten von sich abwechselnden kalten und warmen Epochen und den besonderen Charakter von glazialen und interglazialen Klimata. Sie widersetzt sich nicht der heutigen Aufteilung von Land und Meer; sie postuliert keine großen Erdbewegungen auf der ganzen Welt.«

Starke Unterstützung für die geologischen Ansichten kam von dem irischen Astronomen Sir Robert Ball, der 1891 ein Buch veröffentlichte, in dem er Crolls Theorie verteidigte.

Trotzdem, auch Geikie mußte zugeben, daß die von den amerikanischen Wasserfällen hergeleiteten Daten ein ernstes Problem aufwarfen. Falls diese Schätzungen sich als richtig erwiesen – wenn also die Eisdecken wirklich erst vor 6 000 oder auch 10 000 Jahren aus Nordamerika verschwunden waren – dann war Crolls Theorie ernsthaft gefährdet. In diesem Fall war Geikie bereit, die Astronomische Theorie zu verteidigen, indem er sich auf den Standpunkt zurückzog, sie träfe nur für das Klima von Europa zu. Denn er war überzeugt, daß die archäologischen Zeugnisse in Europa und Asien bewiesen, daß die Eisschichten sich viel früher als vor 6 000 Jahren zurückgezogen hatten. »Kein europäischer Geologe«, schrieb er, »wird die Behauptung wagen, der letzte große baltische Gletscher existierte noch zu Beginn der Zivilisation in Ägypten.« Immerhin gab Geikie zu, daß Crolls Theorie nicht alle geologischen Fakten erklärte, und er schloß sein Buch mit den prophetischen Worten:

»Die Hauptursache dieser bemerkenswerten Veränderungen bleibt demnach eine extrem irritierende Frage, und man muß gestehen, daß eine vollständige Lösung des Problems noch nicht gefunden worden ist. Crolls Theorie hat zweifelsohne eine Flut von Licht auf unsere Schwierigkeiten geworfen, und es kann wohl sein, daß irgendeine Änderung seiner Auffassung schließlich das Geheimnis lüftet. Gegenwärtig müssen wir uns aber damit bescheiden, zu arbeiten und zu warten.«

Mit fortschreitender Zeit wurden jedoch viele Geologen in Europa und Amerika immer unzufriedener mit Crolls Theorie, weil sie ihre Unvereinbarkeit mit neuen Beweisen feststellten, wonach die letzte Eiszeit nicht vor 80 000, sondern vor 10 000 Jahren geendet hatte. Außerdem wurden von Meteorologen theoretische Argumente gegen die Theorie vorgebracht, die besagten, daß die Schwankungen in der Sonnenstrahlung, wie Croll sie beschrieb, zu gering seien, um sich spürbar auf das Klima auszuwirken. Am Ende des 19. Jahrhunderts hatte sich die allgemeine wissenschaftliche Meinung gegen Croll gewandt, und seine Astronomische

Theorie wurde schließlich als historische Kuriosität behandelt, interessant, aber nicht mehr gültig. Schließlich wurde sie fast vergessen.

Fast, doch nicht ganz, denn sie sollte Jahre später von einem jugoslawischen Astronomen mit Namen Milutin Milankovich wieder aufgegriffen werden. 1890, als James Croll in Schottland auf seinem Sterbebett lag, war Milankovich erst elf Jahre alt und ahnte nicht, daß er *jener* sein sollte, der den Faden von Crolls Argument aufgriff und ihn mit eigenen Fäden verwob, um ein ureigenes Muster zu schaffen.

8
Durch ferne Welten und Zeiten

21 Jahre nach dem Tod von James Croll und lange nachdem seine Orbitaltheorie der Eiszeiten ad acta gelegt worden war, saßen zwei junge Männer – Dichter der eine, Ingenieur der andere – an einem Tisch in einem Kaffeehaus in Belgrad. Sie feierten die Veröffentlichung eines Buches mit patriotischen Versen des jungen Dichters, und der schmale blaue Band lag zwischen ihnen auf dem Tisch. Der Freund des Dichters war Milutin Milankovich, der sich an diesen Augenblick viele Jahre später in einem autobiographischen Essay erinnerte.

Kaffee war alles, was sich die beiden Freunde leisten konnten, aber trotzdem waren sie bester Stimmung. Sie erhoben keinen Einwand, als ein gutgekleideter Herr um die Erlaubnis bat, sich zu ihnen setzen zu dürfen, und als der Neue den Wunsch äußerte, einen Blick in den Gedichtband werfen zu können, stimmte der Dichter sofort zu. Der Herr stellte sich als Bankdirektor vor, als glühender Patriot, und war von den Versen des Dichters so bewegt, daß er zehn Exemplare des Buches bestellte und sie auf der Stelle auch bezahlte.

Jetzt hatten die beiden Freunde wirklich einen Grund zum Feiern – und auch die Mittel, es entsprechend zu tun. Als der Kellner sich mit den Tassen voll dampfenden Kaffees näherte, winkten sie ab und bestellten dafür eine Flasche Rotwein und eine Platte mit belegten Broten. Milankovich schrieb Jahre später, daß »die beiden Freunde, als die erste Flasche geleert war, von einem Gefühl der Freude überwältigt wurden. Sie hatten das Gefühl, von unsichtbaren Schwingen davongetragen zu werden. Von den Höhen, die sie erreichten, schauten sie zurück auf ihre früheren Aktivitäten, die jetzt eng und begrenzt schienen.« Als sie schließlich die dritte Flasche geleert hatten, hatte der Wein »ihr südländisches Blut in Bewegung gebracht und sie mit Zuversicht erfüllt. Mit der Selbstsicherheit eines Alexanders des Großen hielten sie Ausschau nach neuen Gebieten, die sie erobern wollten; ihr Mazedonien war für sie zu klein geworden.«

Der Dichter beschloß, mit dem Schreiben kurzer Gedichte aufzuhören und sich dafür einem Roman zu widmen. »In meinem neuen Werk«, sagte er, »will ich unsere ganze Gesellschaft beschreiben, unser Land und unsere Seele.« Milankovich erwiderte: »Ich fühle mich von der Unendlichkeit angezogen. Ich möchte mehr tun als du. Ich möchte das ganze Universum erfassen und Licht in seine entferntesten Winkel werfen.« Nachdem sie ihre Entschlüsse mit einer weiteren Flasche besiegelt hatten, trennten sie sich. Die vor ihnen liegenden Jahre sollten ihre Vorsätze auf die Probe stellen.

Milankovich hatte 1904 am Technologischen Institut in Wien seinen Dr. phil. erworben. Nach der Promotion war er fünf Jahre lang als Ingenieur beschäftigt gewesen. Die Arbeit machte ihm Freude, und der Entwurf großer und komplizierter Betonbauwerke befriedigte ihn; und doch konnte er sich nicht von dem Gefühl befreien, er müßte an grundlegenderen Problemen arbeiten. Als die Universität Belgrad ihm eine Stelle als Professor für angewandte Mathematik antrug, nahm er an. Er war froh, wieder in das heimatliche Serbien zurückzukehren, trotz der Tatsache, daß seine Freunde in Wien ihn für töricht hielten, weil er die weltoffene Stadt verließ, nur um einen akademischen Posten im provinziellen Belgrad anzunehmen. Milankovich wußte jedoch, sein Land brauchte ausgebildete Ingenieure – und er brauchte die Möglichkeit, sich mit einem umfassenderen Problem herumzuschlagen als nur mit dem Entwurf eines Betondaches. Er schloß sich der Fakultät der Universität im Jahr 1909 an und hielt Vorlesungen über Theoretische Physik, Mechanik und Astronomie. Er befand sich aber noch immer »im Banne der Unendlichkeit und auf der Suche nach einem kosmischen Problem«, als er zwei Jahre später in dem Belgrader Kaffeehaus seine Entscheidung traf.

Viele Jahre später fragte sich Milankovich, ob nicht der Wein alles ausgelöst habe. Ob der Wein nun eine Rolle spielte oder nicht, er hatte die Herausforderung gefunden, nach der er so sehr gesucht hatte: Er würde eine mathematische Theorie entwickeln, mit der er das Klima von Erde, Mars und Venus beschreiben konnte – heute und für die Vergangenheit. Hier war ein Problem, so groß, daß es ihm all seine Energie abverlangte.

Als Milankovich seine neuen Aufgaben an der Universität diskutierte, waren seine Kollegen verblüfft:

»Unser großer Geograph starrte mich mit einem erstaunten Ausdruck im Gesicht an, als ich ihn von meiner Absicht unterrichtete, die Temperatur der parallelen Breitengrade der Erde zu berechnen ... Haben wir nicht Tausende von meteorologischen Stationen auf der Erde errichtet, die uns zuverlässiger und genauer über ... Temperaturen informieren als die perfekteste Theorie?«

Für einen Theoretiker wie Milankovich aber waren die Vorzüge einer Arbeit mit mathematischen Prädiktionen anstelle von Thermometeranzeigen offensichtlich. Denn allein theoretische Berechnungen würden es ihm erlauben, Temperaturen an Orten, die eine direkte Beobachtung nicht erlaubten, zu untersuchen: die obere Atmosphäre der Erde sowie die Oberflächen der Myriaden von Monden und Planeten des Sonnensystems. »Denn derselbe Ofen, die Sonne, der die Erde mit Wärme versorgt, erwärmt (auch) jene Planeten, die mit einer festen Kruste überzogen sind. Deshalb würden die Ergebnisse der neuen Theorie auch auf diese Planeten zutreffen. Sie könnte uns die ersten zuverlässigen Daten über das Klima dieser fernen Welten liefern.«

Und das war noch nicht alles! Denn wenn es möglich war, die heutigen Klimabedingungen der Planeten zu berechnen, so war es auch möglich, ein weiteres Ziel zu erreichen: die Klimata der Vergangenheit zu beschreiben, als die Form der Erdbahn und die Neigung der Rotationsachse noch anders aussahen. Mit einem Wort, die neue Theorie »würde es uns ermöglichen, die Grenzen unserer direkten Beobachtungen in Zeit und Raum zu überschreiten«. Milankovich ging aber vorsichtig vor. Sein erster Schritt war die Aufarbeitung dessen, was andere Forscher vor ihm geleistet hatten.

Milankovich stellte bald fest: Niemand hatte bisher erreicht, was er sich vorgenommen hatte. Klimatologen, wie seine skeptischen Kollegen von der Universität, hatten sich damit zufriedengegeben, Temperaturen, Niederschlagsmenge und Windgeschwindigkeit zu beobachten. Astronomen hatten sich darauf beschränkt, die Formen der Planetenbahnen in ihrem heutigen Stadium und in der Vergangenheit zu bestimmen. Sie hatten eben nicht versucht, die Strahlungsverteilung auf den Oberflächen der taumelnden und kippenden Planeten zu berechnen.

Obwohl es stimmte, daß Adhémar und Croll – die Pioniere der Astronomischen Theorie der Eiszeit – die klimatische Wirkung der Bahnschwankungen eingehend erörtert hatten, so besaß doch keiner ausreichende mathematische Schulung, um solche Auswirkungen genau berechnen zu können.

Nachdem er festgestellt hatte, daß der von ihm gewählte Weg noch von niemandem begangen worden war, entwarf Milankovich für seine wissenschaftliche Reise in »ferne Welten und Zeiten« sorgfältig durchdachte Pläne. Nur ein großer Geist konnte solch ein Unternehmen planen. Es würde aber mehr als eines großen Geistes bedürfen, um es durchzuführen: Die Reise, die Milankovich sich vorgenommen hatte, sollte bis zu ihrer Vollendung 30 Jahre dauern.

Jeden Tag arbeitete Milankovich einige Stunden an seiner Theorie. Sogar in den Ferien mit seiner Frau und dem kleinen Sohn schleppte er mehrere Koffer mit Büchern mit sich herum und bestand darauf, daß in seinem Zimmer ein Schreibtisch aufgestellt würde. In Belgrad studierte er meistens zu Hause, in einem großen Arbeitszimmer mit Büchern ringsum an den Wänden. (Der Raum ist durch die Serbische Akademie der Wissenschaften erhalten geblieben.) Dienstags und mittwochs hielt er Vorlesungen an der Universität. Danach ging er in seinen Klub, wo er sich für etwa eine Stunde mit seinen Freunden traf. Zu Hause wurde das Abendessen pünktlich um acht Uhr serviert. Das Gespräch kreiste um Musik oder Weltereignisse. Zwei Stunden saß man bei Tisch, eine weitere Stunde wurde gelesen. Schließlich schaltete Milankovich das Licht aus und blieb nachdenklich im Dunkel sitzen.

Milankovich entwickelte die Pläne für seine wissenschaftliche Attacke mit der Sorgfalt, die ein General für die Organisation einer Invasion aufwendet. Sein erstes Ziel war, die Geometrie der Umlaufbahn aller Planeten zu beschreiben und aufzuzeigen, wie diese Geometrie sich in vergangenen Jahrhunderten entwickelt hatte. Milankovich stellte fest (wie Croll vor ihm), daß drei Orbitaleigenschaften bestimmen, wie die Sonnenstrahlung über die Oberfläche der Planeten verteilt wird: die Exzentrizität der Umlaufbahn, die Neigung der Rotationsachse und die Position der Tag-und-Nacht-Gleichen in ihrem Präzessionszyklus.

Milankovich muß es als Zeichen für einen beschiedenen Erfolg angesehen haben, als er entdeckte, daß vor nur sieben Jahren, nämlich 1904, die astronomischen Berechnungen, die er benötigte, bereits von dem deutschen Mathematiker Ludwig Pilgrim abgeschlossen worden waren. Während Croll nur Leverriers Berechnungen der Schwankungen in Exzentrizität und Präzession in den vergangenen 100 000 Jahren zur Verfügung standen, konnte Milankovich Pilgrims Berechnungen der Variationen in allen drei Schlüsseleigenschaften (Exzentrizität, Präzession und Neigung) während der letzten Million Jahre nutzen. So erreichte also Milankovich sein erstes wichtiges Ziel relativ leicht.

Sein zweites Ziel – die Berechnung, wieviel Sonnenstrahlung die Oberfläche eines jeden Planeten in jeder Jahreszeit und auf jedem Breitengrad aufnimmt – schien jetzt leicht erreichbar. Vor zwei Jahrhunderten hatte Isaac Newton die Allgemeine Strahlungstheorie ausgearbeitet. Danach hängt die Heizkraft der Sonne von zwei geometrischen Faktoren ab: der Entfernung von der Sonne und dem Winkel, in dem die Sonnenstrahlen auf einen bestimmten Teil der Oberfläche eines Planeten auftreffen.

Da diese geometrischen Faktoren von Pilgrims Ergebnissen abgeleitet werden konnten, kam Milankovich zu dem Schluß, es müsse auch möglich sein, die Verteilung von Sonnenstrahlung auf der Oberfläche der Planeten mathematisch in den Griff zu bekommen.

Wenn auch im Prinzip einfach, so erwies sich diese Aufgabe in der Praxis als ungemein schwierig. Denn alle Planeten wirbeln, rotieren, taumeln und kippen beständig in einem verrückten himmlischen Tanz, und jede einzelne ihrer Bewegungen hat irgendeine Wirkung auf die Strahlung, die sie von der Sonne empfangen. Milankovich war aber (erst) 32 Jahre alt und voller Vertrauen in seine Fähigkeiten. Später schrieb er: »Ich begann diese Jagd in meinen besten Jahren. Wäre ich etwas jünger gewesen, hätte ich nicht die notwendige Kenntnis und Erfahrung besessen ... Wäre ich älter gewesen, hätte ich nicht genug von jenem Selbstvertrauen gehabt, das nur die Jugend in Form von Unbesonnenheit besitzt.«

Zunächst kamen Milankovichs Untersuchungen gut voran. »Bei dem Versuch jedoch, tiefer in das Problem einzudringen, stieß ich auf Schwierigkeiten und konnte nicht weiter«, schrieb er später. »Dann (1912) brach der erste Balkan-Krieg aus. Die Donau-Division der serbischen Armee, deren Stab ich zugeteilt worden war, überschritt die Grenze des damaligen Türkischen Reiches und plante die Eroberung des Berges *Staraz*.« Während der junge Mathematiker zusah, wie die serbischen Truppen ihren Weg zum Gipfel des Berges erkämpften, wanderten seine Gedanken zu seiner eigenen wissenschaftlichen Arbeit zurück und zu den theoretischen Hindernissen, die er nicht überwinden konnte. Und dann, als das serbische Regiment den Gipfel des Berges nahm, begriff er blitzartig die Lösung seiner mathematischen Probleme und »eroberte einen Berggipfel« auf seinem eigenen »inneren Schlachtfeld«.

Zwei Tage später waren die Türken geschlagen. Ein Waffenstillstand folgte, und Milankovich war in der Lage, seinen privaten wissenschaftlichen Kampf in der Bücherei in Belgrad wieder aufzunehmen. Wenn er jetzt auch schnell vorankam, so erkannte er doch, daß es mehrere Jahre dauern würde, bis er sein zweites Hauptziel erreichte. Angesichts der ungewissen politischen Atmosphäre auf dem Balkan beschloß er, mit seinen Berechnungen erst fortzufahren, wenn er die bisher erzielten Ergebnisse zu Papier gebracht hatte. Diese wurden als drei kurze Abhandlungen in den Jahren 1912 und 1913 veröffentlicht. Anfang 1914 veröffentlichte Milankovich einen weiteren Artikel, »Über das Problem der Astronomischen Theorie der Eiszeiten«. Dieser Artikel, in Serbisch geschrieben und inmitten der politischen Wirren in Europa erschienen, blieb viele Jahre lang unbekannt. Trotzdem hatten Milankovichs Veröffentlichungen bereits neues Licht auf das Eiszeitproblem geworfen, indem sie mathematisch demonstrierten, daß Schwankungen in der Bahnexzentrizität und der axialen Präzession groß genug sind, um Eisdecken sich ausweiten und zusammenziehen zu lassen. Außerdem zeigte er, daß die klimatische Wirkung von Schwankungen im Neigungswinkel sogar noch bedeutsamer ist, als Croll behauptet hatte.

Befriedigt über diese Rückendeckung, wandte sich Milankovich wieder seiner Aufgabe zu. Alles, was er zur Durchführung seiner Berechnungen benötigte, war Zeit. Da brach 1914 der Erste Weltkrieg aus, und Milankovich wurde von der österreichisch-ungarischen Armee gefangengenommen, während er seine Heimatstadt Dalj besuchte. Als Kriegsgefangener wurde er auf die Festung Esseg gebracht. Später erinnerte er sich:

»Das schwere Eisentor wurde hinter mir geschlossen. Das massive verrostete Schloß gab ein knurrendes Ächzen von sich, als der Schlüssel gedreht wurde ... Ich paßte mich der neuen Situation an, indem ich mein Gehirn abschaltete und apathisch in die Luft starrte. Nach einer Weile fiel mein Blick auf den Koffer ... Mein Gehirn begann wieder zu funktionieren. Ich sprang auf und öffnete den Koffer ... Darin hatte ich die Papiere über mein kosmisches Problem aufbewahrt ... Ich blätterte die Schriften durch ... zog meinen Füllfederhalter aus der Tasche und begann zu schreiben und zu zählen ... Als ich mich nach Mitternacht in dem Raum umsah, dauerte es einige Zeit, bis ich erkannte, wo ich war. Der kleine Raum kam mir vor wie ein Nachtquartier auf meiner Reise durch das Universum.«

Am Weihnachtsabend 1914 erhielt der Gefangene, der sich selbst bedingt aus der Haft entlassen hatte, indem er durch ferne Welten reiste, ein unerwartetes, aber willkommenes Geschenk – seine Freiheit. Seine Kerkermeister hatten vom österreichisch-ungarischen Kriegsministerium ein Telegramm erhalten mit dem Befehl, Milankovich nach Budapest zu bringen. Dort wurde er mit der Auflage aus der Haft entlassen, sich einmal wöchentlich bei der Polizei zu melden. Ein gewisser Professor Czuber, der erfahren hatte, daß der talentierte serbische Mathematiker gefangengesetzt worden war, hatte mit Erfolg um seine Freilassung im Interesse der Wissenschaft nachgesucht.

Sobald Milankovich sich in Budapest eingerichtet hatte, klemmte er seine alte lederne Aktenmappe unter den Arm und ging hinüber zur Bibliothek der Ungarischen Akademie der Wissenschaft. Der Direktor der Bibliothek, ein Mathematikkollege namens Koloman von Szilly, nahm ihn mit offenen Armen auf. Milankovich verbrachte den größten Teil der folgenden vier Jahre im Leseraum der Bücherei und arbeitete »ohne Eile und jeden Schritt sorgfältig planend«. Zwei dieser Jahre widmete er der Entwicklung einer mathematischen Theorie über die Prädiktion des Erdklimas, wie es sich heute darbietet. Im dritten und vierten Jahr in Budapest vervollständigte Milankovich die Beschreibung des heutigen Klimas von Mars und Venus.

Inzwischen war der Krieg beendet. Milankovich packte die Arbeit von vier Jahren in seine Aktentasche, ging an Bord eines weißen Donaudampfers und kehrte nach Belgrad zurück. Trotz der

Einwirkung des Krieges hatte er sein zweites Ziel erreicht – die mathematische Darstellung der heutigen Klimabedingungen auf der Erde, dem Mars und der Venus. Als die Ergebnisse 1920 unter dem Titel »Mathematische Theorie der Wärmephänomene, hervorgerufen durch Sonnenstrahlung« veröffentlicht wurden, erkannten Meteorologen diese bald als wichtigen Beitrag zur Erforschung des heutigen Klimas. Das Buch sollte auch für die Erforscher früherer Klimaperioden interessant sein, denn es enthielt eine mathematische Darstellung, wonach astronomische Schwankungen ausreichen, um Eiszeiten durch Veränderung der geographischen und jahreszeitlichen Verteilung des Sonnenlichts hervorzurufen. Außerdem behauptete Milankovich, daß es möglich sei, für jede Zeitspanne der Vergangenheit das Sonnenlichtquantum, das die Erde erreicht, zu berechnen.

Obwohl das Buch von der Mehrzahl der Geologen unbeachtet blieb, gewann es sofort die Aufmerksamkeit Wladimir Köppens, eines bekannten deutschen Klimatologen. Köppen hatte Karten der ganzen Erde zusammengetragen, wo die geographische Aufteilung von Temperaturen und Niederschlägen eingetragen war, und so das Erdklima in Zonen klassifiziert, mit denen er die geographische Verbreitung von Pflanzenleben erklärte. So verursachte die Ankunft einer Postkarte von dem großen Köppen keinen geringen Aufruhr im Hause Milankovich. Später schrieb er:

»Eines Tages wird diese simple Postkarte, die ich wie eine Reliquie aufbewahre, in meinem Nachlaß gefunden werden. Sie kam aus Hamburg, von Wladimir Köppen, dem großen deutschen Klimatologen, und sie bezog sich auf meine kürzlich veröffentlichte ›Mathematische Theorie‹. Nach und nach folgten ihr 49 Briefe und Karten, so daß unsere Korrespondenz zusammen rund 100 Schriften hervorbrachte. In seinem zweiten Brief teilte Köppen mir mit, daß er zusammen mit seinem Schwiegersohn Alfred Wegener an einem Buch über die Klimate der geologischen Vergangenheit arbeitete. Bereits 76 Jahre alt, hatte dieser Gelehrte früher als andere den Nutzen erkannt, der für das paläo-klimatologische Problem aus meiner Mathematischen Theorie abgeleitet werden konnte, und lud mich zur Zusammenarbeit ein.«

Milankovich stimmte bereitwillig zu, und es folgte ein fruchtbarer Austausch von Gedanken zwischen dem jugoslawischen Mathematiker und den beiden Deutschen – einer ein berühmter Klimatologe, der andere führend unter europäischen Geologen. Immer noch ein junger Mann, hatte Wegener sich bereits einen Namen gemacht mit seiner Theorie, nach der die Kontinente ihre geographische Positition langsam verschieben. Wie Köppen vorausgesehen hatte, erwies sich die Theorie von Milankovich als unschätzbares Werkzeug, um damit vergangene geologische Klimate zu ergründen. Die Zusammenarbeit war aber auch für Milankovich nützlich, denn er hätte kaum zwei besser gerüstete Leute finden können, die ihn in die Komplexität der geologischen Aufzeichnung des Klimas einführten.

Köppen konnte bald für Milankovich ein Hauptproblem lösen. Nachdem er den mathematischen Mechanismus entwickelt hatte, der es ihm erlaubte, die Sonneneinstrahlung auf jedem Breitengrad und zu jeder Jahreszeit zu berechnen, war Milankovich bereit, sein drittes Hauptziel in Angriff zu nehmen – eine mathematische Darstellung der vergangenen Erdklimate. Er wollte das anhand einer Kurve tun, die die Schwankungen in der Einstrahlung zeigte, die wiederum die Aufeinanderfolge von Eiszeiten beeinflußte. Aber jeder Breitengrad – und jede Jahreszeit auf jedem Breitengrad – hatte eine einmalige Strahlungsgeschichte. Milankovich sah sich deshalb dem Problem gegenüber, welcher Breitengrad und welche Jahreszeit für das Wachstum einer Eisdecke kritisch sind. Adhémar und Croll glaubten, sie hätten dieses Problem durch die These gelöst, der kritische Faktor sei die Einstrahlung während des Winters auf den höheren Breitengraden. Nach ihrer Auffassung traten Eiszeiten ein, wenn das Strahlungsquantum, das von arktischen Regionen im

Winter aufgenommen wird, sich verringert. Milankovich war aber von der Richtigkeit dieser Auffassung nicht überzeugt und bat Köppen um seine Meinung. »Nach einer erschöpfenden Diskussion aller Möglichkeiten«, schrieb Milankovich, »beantwortete Köppen die Frage mit dem Hinweis, die Verringerung der Wärme im Sommerhalbjahr sei der entscheidende Faktor bei der Vereisung.« Er argumentierte, daß Veränderungen in der Wintereinstrahlung kaum eine große Wirkung auf den jährlichen Schneehaushalt haben könnten, weil die Temperaturen in arktischen Regionen so niedrig sind, daß Schnee sich sogar in der Neuzeit ansammeln kann. Während des Sommers jedoch schmelzen neuzeitliche Gletscher. Deshalb würde jede Verminderung der Intensität von Sonnenlicht das Schmelzen hemmen, den jährlichen Schneehaushalt steigern und zur Gletscherausbreitung führen.

Die Logik in Köppens Argumentation erkennend, begann Milankovich sogleich mit der Berechnung von Kurven, die aufzeigten, wie die Sommereinstrahlung auf 55, 60 und 65 Grad nördlicher Breite im Lauf der letzten 650 000 Jahre variiert hatte. Auch diese Aufgabe war kein einfaches Unternehmen. Er schreibt: »Ich führte meine Berechnungen volle 100 Tage lang von morgens bis abends durch und stellte dann die Ergebnisse graphisch dar, indem ich drei grobgezahnte Linien zeichnete, um die Veränderungen in der Sommereinstrahlung aufzuzeigen.« Er schickte dann die Zeichnung (Abb. 24) mit der Post an Köppen und wartete gespannt auf die Antwort des Klimatologen. Er mußte nicht lange warten. Köppen schrieb sofort, das Muster der gezahnten Linien auf Milankovichs Darstellung decke sich recht gut mit der Geschichte der alpinen Gletscher, wie sie vor 15 Jahren von den deutschen Geographen Albrecht Penck und Eduard Brückner rekonstruiert worden sei. Köppen sprach auch den Wunsch aus, die Strahlungskurve in einem Buch, das er mit seinem Schwiegersohn herausbringen wolle, aufnehmen zu dürfen, und er lud Milankovich zu einem Besuch in Innsbruck ein, um die Angelegenheit zu besprechen.

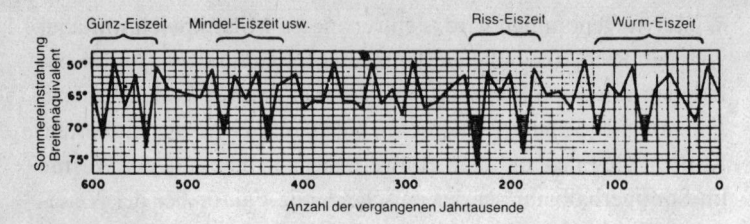

Abb. 24 Die Strahlungskurve von Milankovich für 65 Grad nördlicher Breite. Das Hauptmerkmal der Milankovich-Theorie der Eiszeiten ist eine Kurve, die aufzeigt, wie die Intensität des Sommersonnenlichts in den letzten 600 000 Jahren variierte. In dieser Version, zum ersten Mal 1924 veröffentlicht, identifizierte Milankovich bestimmte Tiefpunkte auf der Kurve mit vier europäischen Eiszeiten. Schwankungen in der Strahlungsintensität sind im Sinne von Breitenäquivalenten ausgedrückt; z. B.: die vor 590 000 Jahren auf 65 Grad Nord empfangene Einstrahlung ist äquivalent zu der heute auf 72 Grad Nord empfangenen (aus W. Köppen und A. Wegener, 1924).

Verständlicherweise stolz darauf, daß der Beweis seine Theorie stützte, stimmte Milankovich dem Besuch bei seinen deutschen Freunden im September 1924 zu. Da er in Innsbruck rechtzeitig ankam, um an einer wissenschaftlichen Veranstaltung teilzunehmen, suchte er sofort den Raum auf, wo Alfred Wegener über »Klimate der geologischen Vergangenheit« sprach. Der erste Teil der Vorlesung behandelte Wegeners Theorie der Kontinentalverschiebung sowie die Klimate ferner geologischer Perioden. Später erinnerte sich Milankovich, daß Wegener »mit größter Bescheidenheit und in einfachsten Worten ... sprach, gestützt auf eine enorme Anzahl von Fakten«. Erst als Wegener über die Klimate der Pleistozänperiode zu sprechen begann,

»und auf meine Strahlungskurven hinwies, die auf eine Leinwand projiziert wurden, hob er seine Stimme, weil er jetzt die Arbeit eines anderen diskutierte. Er sprach von meinen Berechnungen mit solcher Begeisterung, daß es mir schon peinlich wurde. Ich machte mich in meinem Sitz in der obersten Reihe des Amphitheaters so klein wie möglich, damit ein erkennender

Blick von Wegener meine Anwesenheit im Auditorium nicht verriet.«

»In dieser Nacht«, schreibt Milankovich, »schlief ich auf einem Bett aus Lorbeer und weichem Pfühl.« Milankovichs Aufenthalt in Innsbruck war jedoch nicht nur der Arbeit gewidmet, denn in Gesellschaft eines alten Freundes aus seiner Zeit als Ingenieur gelang es ihm, »alle Kneipen in Innsbruck« zu erforschen.

Die Veröffentlichung des Buches »Klimate der geologischen Vergangenheit« von Köppen und Wegener im Jahre 1924 sicherte den von Milankovich so mühsam berechneten Strahlungskurven eine weite Verbreitung. Einige Geologen stimmten mit Köppen und Wegener darin überein, daß die Kurven sich mit der geologischen Aufzeichnung genau deckten; andere verneinten dies.

Milankovich hegte selbst keinerlei Zweifel daran. Nach seiner Rückkehr nach Belgrad stürzte er sich wieder auf seine Forschungsarbeit. Bisher hatte er nur Kurven für die nördlichen Breiten 55, 60 und 65 Grad berechnet – für die Abschnitte des Globus also, von denen man annahm, sie reagierten am empfindlichsten auf Veränderungen im Wärmehaushalt. Obwohl die Veränderungen in der Einstrahlung auf den niedrigeren Breitengraden geringer sein würden, machte er doch geltend, sie müßten in gewissem Umfang örtliches Klima beeinflussen. Er begann deshalb, Strahlungskurven für acht einzelne Breitengrade zu berechnen, und zwar von 5 bis 75 Grad Nord.

Milankovich vollendete seine Arbeit (das dritte Hauptziel in seinem »Schlachtplan«) 1930 und veröffentlichte sie als einen Band innerhalb Köppens »Handbuch der Klimatologie«. Der Titel des Bandes drückte Milankovichs lebenslanges Streben diesesmal so deutlich aus, daß kein Geologe seine Bedeutung übersehen konnte: »Mathematische Klimatologie und die Astronomische Theorie der klimatischen Veränderungen«.

Mit der Veröffentlichung dieser acht Strahlungskurven verstanden Geologen zum erstenmal, wie zwei der astronomischen Zyklen das Schema der einfallenden Sonnenstrahlung beeinflußten. Wie Croll vorhergesehen hatte, verursacht eine Verringerung der Achsenneigung eine Verringerung der Sommereinstrahlung (Abb. 25); und eine Verminderung des Abstands Erde-Sonne in irgendeiner Jahreszeit verursacht eine Steigerung der Strahlungsintensität zu dieser Jahreszeit. Es war jetzt aber (auch) klar, daß die Stärke dieser Wirkungen systematisch mit dem Breitengrad variierte (Abb. 26). Der Einfluß des Neigungszyklus, die regelmäßige Schwankung – alle 41 000 Jahre – der Inklination der Erdachse, ist groß an den Polen und wird zum Äquator hin kleiner. Im Gegensatz dazu ist der Einfluß des Präzessionszyklus – eine Schwankung im 22 000-Jahr-Rhythmus des Abstands Erde-Sonne – an den Polen klein und wird in der Nähe des Äquators groß. Weil das auf irgendeinem Breitengrad und in einer Jahreszeit einfallende Strahlungsquantum vom Neigungswinkel und auch vom Abstand Erde-Sonne bestimmt wird, variiert der Verlauf der Strahlungskurve systematisch vom Pol zum Äquator. Die für die hohen Breitengrade berechneten Kurven werden vom 41 000-Jahr-Zyklus der Neigung beherrscht, während der 22 000-Jahr-Präzessionszyklus auf die niedrigen Breitengrade zutrifft.

Milankovich begann nun, an seinem vierten und letzten Ziel zu arbeiten, nämlich der Berechnung, wie stark die Eisdecken auf eine gegebene Veränderung in der Sonnenstrahlung reagieren würden. Hier lag die Hauptschwierigkeit in der Abschätzung der Bedeutung des Reflexions-»Feedback«-Effektes. Daß dieser Mechanismus bei jeder Strahlungsveränderung gleich zu Beginn verstärkend wirkt, war bekannt gewesen, seit er zuerst von James Croll identifiziert wurde. Doch bisher waren alle Versuche, eine quantitative Analyse durchzuführen, gescheitert. Schließlich löste Milankovich das Problem, indem er die Höhe der Schneegrenze untersuchte – jene Höhe, über der das ganze Jahr hindurch zumindest etwas Schnee vorhanden ist. Nahe dem Äquator verläuft die Schneegrenze auf Bergen hoch über dem Meeresspiegel. In der Nähe der Pole verläuft

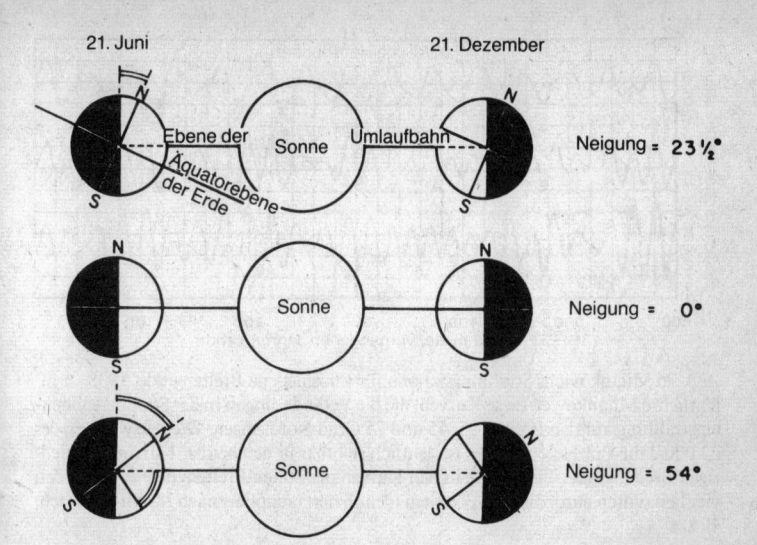

Abb. 25 Auswirkung der Achsenneigung auf die Verteilung des Sonnenlichts. Wird die Neigung verringert (ausgehend vom gegenwärtigen Wert von 23 1/2 Grad), erhalten die Polregionen weniger Sonnenlicht als heute. Wird die Neigung verstärkt, fällt an den Polen mehr Sonnenlicht ein. Die möglichen Grenzen dieser Auswirkung (tatsächlich noch nie erreicht) wären eine Neigung von 0 Grad, wobei die Pole gar kein Sonnenlicht erhielten; und 54 Grad, wobei alle Punkte der Erde in einem Jahr das gleiche Strahlungsquantum empfangen würden.

sie in Meereshöhe. Es gelang Milankovich, eine mathematische Relation zwischen der Sommerstrahlung und der Höhe der Schneegrenze zu formulieren und auf diese Weise zu bestimmen, welche Vermehrung der Schneedecke sich aus einer beliebigen Veränderung in der Sommerstrahlung ergibt.

Im Jahr 1938 veröffentlichte er seine Ergebnisse in einem Band mit dem Titel »Astronomische Methoden zur Untersuchung der Klimate der Erdgeschichte«. Obwohl die Form der in diesem Band wiedergegebenen Kurven sich nicht sehr von den früher veröffentlichten Strahlungskurven unterschied, hatten die Geologen jetzt eine Darstellung, der sie den ungefähren Breitengrad der Eisdek-

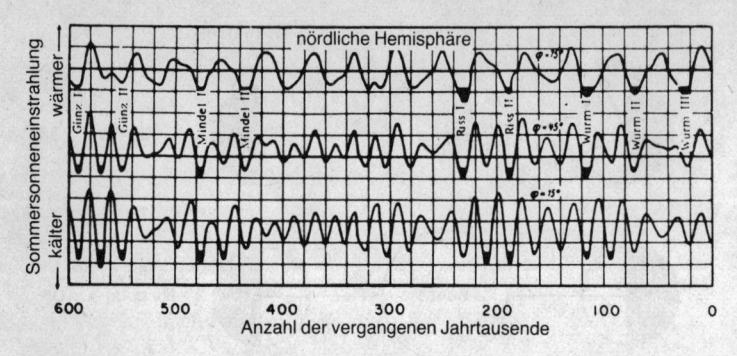

Abb. 26 Milankovichs Strahlungskurven für verschiedene Breitengrade. 1938 veröffentlichte Milankovich diese Kurven, die die Veränderungen in der Sommersonneneinstrahlung auf den Breiten 15, 45 und 75 Grad Nord zeigen. Die Auswirkung des 22 000-Jahr-Präzessionszyklus ist deutlich sichtbar in den beiden Kurven der niedrigen Breitengrade. Tiefpunkte in den Kurven der hohen Breitengrade sind mit den vier benannten europäischen Eiszeiten identifiziert (adaptiert nach M. Milankovich, 1941).

kengrenze für einen beliebigen Zeitraum der letzten 650 000 Jahre entnehmen konnten. Außerdem hatte Milankovich zahlreiche zusätzliche Berechnungen durchgeführt, so daß die gezackten Linien seiner früheren Darstellungen die Form von glatten Kurven angenommen hatten.

Nachdem er alle vier Ziele erreicht hatte, hielt Milankovich sein kosmisches Problem für gelöst. Zehn Jahre vorher hatte er mit dem Schreiben von populären Artikeln in Form von Briefen an eine anonyme junge Frau begonnen. Dieses Projekt hatte Milankovich tatsächlich schon viele Jahre früher auf einer Reise nach Österreich angefangen. Die »Briefe« enthielten eine Vielzahl autobiographischer Informationen, ihr Hauptzweck war es jedoch, eine zwanglose Einführung in Astronomie und historische Klimatologie zu geben. Die frühen Briefe, einzeln in Literaturzeitschriften veröffentlicht, erreichten eine solche Popularität, daß sie 1928 gesammelt und unter dem Titel »Durch ferne Welten und Zeiten: Briefe eines Wanderers im Universum« herausgegeben wurden. Die erste Ausgabe erschien in Milankovichs Muttersprache, in Serbokroatisch; doch 1936 wurde die Sammlung erweitert und in deutscher Sprache herausgegeben. Die Identität der Korrespondentin des Autors blieb ein Geheimnis – und Milankovichs Frau versicherte leidenschaftlich, diese Frau habe überhaupt niemals existiert.

Ausgangs der 1930er Jahre begann Milankovich die Arbeit an einer umfangreichen Zusammenfassung seines Lebenswerkes, die den Titel »Kanon der Erdbestrahlung und seine Anwendung auf das Eiszeitenproblem« trug. Die letzten Seiten dieses Buches sollten am 6. April 1941 gedruckt werden – dem Tag des deutschen Einmarsches in Jugoslawien. In dem aufflammenden Chaos wurde die Druckerei in Belgrad zerstört und die letzten Seiten des Buches mußten neu gedruckt werden.

Der Krieg selbst beunruhigte Milankovich nicht sonderlich, denn er war überzeugt, die Deutschen würden verlieren. Er war vielmehr erfüllt von Zufriedenheit und stillem Stolz, weil die Ergebnisse seiner langjährigen Arbeit nunmehr international anerkannt wurden als ein bedeutendes Werk der Wissenschaft. Sicher, es gab einige Wissenschaftler, die seine Theorie nicht anerkannten. Er weigerte sich aber, sich mit Druckschriften zu verteidigen und bemerkte später, er habe dies nie bedauert, »weil ohne mein Zutun mehrere deutsche Gelehrte die richtigen Antworten auf die erhobenen Einwände fanden«. Und er fügte hinzu: »Heute habe ich in meiner Privatbücherei fünf unabhängige wissenschaftliche Werke und mehr als einhundert Abhandlungen, die die Strahlungskurven als Grundlage für ihre Erforschung des Verlaufs und der Chronologie der Eiszeiten benützen.«

1941, im Alter von 63 Jahren, hatte Milankovich seine Mathematische Strahlungstheorie beendet und diese Theorie auf das Eiszeitenproblem angewandt. Jahre später erinnerte sich Vasko Milankovich, wie sein Vater einmal gesagt hatte:

»Sobald du einen großen Fisch fängst, kannst du dich mit den kleinen nicht mehr abgeben. 25 Jahre lang habe ich an meiner

Abb. 27 Milutin Milankovich; Porträt gemalt 1943 von Paja Jovanovic (mit freundlicher Genehmigung von Vasko Milankovich).

Theorie der Sonneneinstrahlung gearbeitet, und jetzt, da sie vollendet ist, bin ich arbeitslos. Ich bin zu alt, um eine neue Theorie zu beginnen, und Theorien von der Größe der soeben beendeten wachsen nicht auf Bäumen.«

Eines Abends beim Essen verkündete er seiner Frau und seinem Sohn: »Ich weiß, was ich während der deutschen Besetzung tun werde. Ich schreibe die Geschichte meines Lebens und meiner Arbeit. Nach meinem Tode wird sie irgend jemand schreiben – und wahrscheinlich falsch schreiben.« Er veröffentlichte diese Memoiren 1952 und vollendete 1957 die Arbeit an einer kurzen Synthese seiner wissenschaftlichen Studien. Im folgenden Jahr, im Alter von 79, starb er. Der jugoslawische Mathematiker, dessen Berechnungen ferne Welten und Zeiten geöffnet hatten, hatte seine letzte Reise angetreten.

9
Die Milankovich-Kontroverse

Mit der Veröffentlichung der Theorie von Milankovich im Jahre 1924 wurde die Aufmerksamkeit der wissenschaftlichen Welt wieder einmal auf das Eiszeitproblem konzentriert. Seit Agassiz 1837 seine Gletschertheorie zum erstenmal dargelegt hatte, war kein derart weit verbreitetes Interesse an der Erdgeschichte zum Ausdruck gebracht worden; und seit dem Streit zwischen Agassiz und Buckland hatte es nicht mehr eine derart ausgedehnte Kontroverse über eine Klimatheorie gegeben.

Angeheizt wurde die Kontroverse durch die geologischen Fakten, die in den sechziger Jahren gesammelt worden waren, nachdem es James Geikie gelungen war, das Driftproblem zu lösen. Geikies Arbeit hatte zwei Generationen Geologen dazu inspiriert, den Globus nach mehr Zeugnissen vergangener Klimate abzusuchen. Fakten über die Eiszeiten waren in Fülle vorhanden. Was die Geologen jetzt brauchten, war eine Theorie, um diese Fakten zu integrieren und eine umfassende Erklärung der Eiszeiten zu liefern. Milankovich bot ihnen eben eine solche Theorie an.

Das wertvollste Merkmal der Theorie von Milankovich war, daß sie nachprüfbare Voraussagen über die geologische Klimageschichte machte. Sie beschrieb konkret, wie viele Eiszeitablagerungen Geologen finden würden, und legte genau fest, wann diese Ablagerungen in den letzten 650 000 Jahren gebildet worden waren.

Diese Voraussagen waren in drei nahezu identischen Strahlungskurven enthalten, die frühere Veränderungen in der Sommereinstrahlung auf den nördlichen Breitengraden 55, 60 und 65 aufzeigten (Abb. 24). In der Theorie löste jedes Strahlungsminimum eine Eiszeit aus. Insgesamt gab es neun Minima, deren jedes auf der graphischen Darstellung als schmale Projektion sich weit bis unter den Durchschnittspegel der Strahlung erstreckte. Köppen und Wegener betonten die Tatsache, daß diese Minima keinen gleichen Abstand voneinander besaßen, sondern ein deutliches, unregelmäßiges Muster bildeten. Die letzten drei Minima bildeten eine Dreiergruppe; sie sollten mit den Eiszeiten vor 25 000, 72 000 und 115 000 Jahren korrespondieren. Die anderen sechs Minima waren zu Paaren angeordnet. Milankovich selbst hatte auf die ungewöhnlich lange Zeitspanne starker Einstrahlung hingewiesen, die etwa im mittleren Teil der Darstellung auftrat. Er behauptete, diese Zeitspanne würde sich in der geologischen Geschichte als sehr lange Zwischeneiszeit darstellen.

Als die Astronomische Theorie veröffentlicht wurde, versuchten die mit den Aufzeichnungen der Drift vertrauten Geologen die Theorie dadurch zu prüfen, daß sie die Anzahl der Ablagerungsschichten zählten und zu bestimmen versuchten, wann die Ablagerung stattgefunden hatte. Die Bewältigung beider Aufgaben erwies sich jedoch als sehr schwierig. Da jedes Vorrücken eines Gletschers dazu neigt, die Driftablagerungen früherer Vergletscherungen zu zerstören, war die Aufeinanderfolge von Ablagerungsschichten an den meisten Stellen unvollständig. Darüber hinaus besaßen die Geologen keine genaue Methode zur Bestimmung des Alters irgendeiner Ablagerungsschicht. Das Beste, was sie tun konnten, waren grobe Schätzungen der Dauer jeder Eiszeit und jeder Zwischeneiszeit, indem sie die Mächtigkeit und die Ausdehnung der Schichten von Ton und Mutterboden feststellten.

Trotz dieser Probleme kamen Geologen in Nordamerika – angeführt von Thomas C. Chamberlin von der Universität Chicago und Frank Leverett vom US Geological Survey – zu dem Schluß, daß es vier Haupteiszeiten gegeben habe. Die mit diesen Eiszeiten korrespondierenden Driftschichten wurden nach den Staaten benannt, in denen sie am mühelosesten untersucht werden konnten. Bei der untersten beginnend, ergab sich folgende Reihenfolge der Driftablagerungen: Nebraska- (die älteste), Kansas-, Illinois- und Wisconsin-Ablagerung (die jüngste). Andere geographische Namen wurden zur Bezeichnung der interglazialen Zeitspannen verwendet (Abb. 28).

Ausgerüstet mit diesem eindrucksvollen Aufgebot von Fakten und Namen, sprachen sich die Geologen für oder gegen die Theorie von Milankovich aus. Die für Milankovich Eintretenden wiesen darauf hin, daß die vier nordamerikanischen Drifte sich mit den vier Strahlungsgruppen (einer Dreier- und drei Zweiergruppen) deckten, die von der Theorie postuliert wurden. Gegner der Astronomischen Theorie erwiderten – da die Zeitalter der nordamerikanischen Drifte lediglich innerhalb sehr weit gesteckter Grenzen bekannt seien – daß man keineswegs sicher sein könne, irgendein Strahlungsminimum sei mit einer Eiszeit zeitlich zusammengefallen. Der Versuch, die Astronomische Theorie auf diese Weise nachzuprüfen, war deshalb ergebnislos.

Eine völlig andere Methode, das Problem der Entschlüsselung der Eiszeitenfolge anzugehen, war in den 1880er Jahren von Albrecht Penck, einem deutschen Geographen, entwickelt worden, der die Flußtäler am Nordhang der Alpen untersuchte. Penck hatte entdeckt, daß der untere Teil all dieser Täler eine ebene Oberfläche aufwies (gälisch: »strath« = weites Tal), das der Fluß in einer Kiesschicht erodierte. Jeweils weiter oben, an beiden Hängen der Täler, fand Penck drei Terrassen – Dämme mit flacher Krone, voneinander getrennt durch steile Böschungen. Die Terrassen bestanden aus Kiesschichten ähnlich jenen, die er am Talboden gefunden hatte. Penck hatte behauptet, jede Kiesschicht sei in einem kalten Klima entstanden, als die Wirkung des Frostes und fehlende Vegetation die Geschwindigkeit der Erosion erhöht hatten. In Zeiträumen mit warmem Klima hatten die Flüsse offensichtlich aufgehört, Kies abzulagern, bewegten sich in Mäanderform von einer Seite zur anderen und schufen so ein »strath«. Penck war zu dem Schluß gekommen, daß die flachen Teile der Terrassen Abschnitte früherer »straths« waren, die in vorangegangenen Interglazialen geformt worden waren; je höher die Terrasse gelegen war, desto älter war

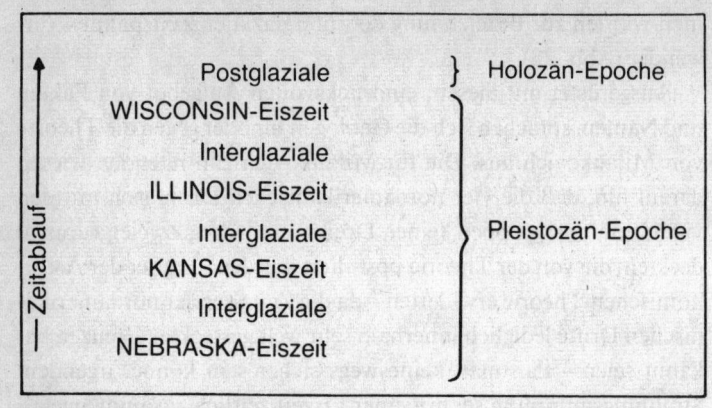

```
                Postglaziale          } Holozän-Epoche
            WISCONSIN-Eiszeit         ⎫
                Interglaziale         ⎪
             ILLINOIS-Eiszeit         ⎪
                Interglaziale         ⎬ Pleistozän-Epoche
             KANSAS-Eiszeit           ⎪
                Interglaziale         ⎪
             NEBRASKA-Eiszeit         ⎭
```

↑ Zeitablauf

Abb. 28 Theoretische Aufeinanderfolge der nordamerikanischen Eiszeiten. Gegen Ende des 19. Jahrhunderts waren Gletscherdrifte, die mit den vier Eiszeiten des Pleistozän korrespondierten, erkannt und mit Namen bedacht worden. Spätere Arbeiten haben die Existenz von noch viel mehr Eiszeiten ausgewiesen.

die korrespondierende Zwischeneiszeit. Jede Kiesablagerung wurde demnach als Überrest einer ursprünglich ausgedehnteren Schicht interpretiert, die während einer Eiszeit abgelagert worden war.

Nach dem Penckschen Schema bot die Folge der alpinen Kiesschichten den Wissenschaftlern das, was die Driftschichten nicht getan hatten – einen vollständigen Nachweis der Gletscherfolge. Da es vier Schichten Kies gab, mußte es vier Eiszeiten im Pleistozän gegeben haben. Und viele Geologen nahmen ohne Beweis an, daß die vier amerikanischen Eiszeiten das transatlantische Äquivalent der europäischen Folge darstellten.

In Europa wurde jede Eiszeit nach einem Flußtal benannt. Als Erleichterung für die mit historischen Bezeichnungen bereits übersättigten Geologen wurden die Namen in alphabetischer Reihenfolge vergeben: Günz, Mindel, Riß und Würm. Die älteste Vergletscherung (die Günz) wurde von dem Kies repräsentiert, der die höchstgelegene Terrasse bildete. Die jüngste Vergletscherung

(Würm) ging auf den Kies im heutigen Flußbett zurück. Günz, Mindel, Riß, Würm – diese Namen, von Penck und seinem Kollegen Eduard Brückner vergeben, sollten im Gedächtnis von Generationen von Studierenden haften bleiben.

Außer der Namensgebung für die Aufeinanderfolge von Eiszeiten gelang Penck und Brückner auch die Schätzung der Zeitdauer nach dem Verschwinden der letzten Eisdecke in der Schweiz. Sie erreichten dies durch die Untersuchung der Dicke postglazialer Sedimente in Schweizer Seen und durch die Schätzung, wie schnell diese Sedimente sich angehäuft hatten. Auf diese Weise wurden für die Dauer der postglazialen Zeit etwa 20 000 Jahre errechnet.

Von etwa 20 000 Jahren für die postglaziale Zeit ausgehend, fuhren Penck und Brückner fort, die Dauer früherer Zwischeneiszeiten zu schätzen. Sie verglichen die Tiefe der postglazialen Erosion mit der Tiefe jener Erosionen, die in jeder früheren warmen Periode eingetreten waren. Auf diese Weise errechneten sie, daß die Interglaziale unmittelbar vor der letzten Eiszeit (Würm) etwa 60 000 Jahre dauerte; und daß die vorangegangene Interglaziale, die sie die Große Zwischeneiszeit nannten, rund 240 000 Jahre gedauert hatte. Insgesamt schätzten sie die Länge des Pleistozän auf 650 000 Jahre. Im Jahr 1909 hatten Penck und Brückner eine Kurve veröffentlicht, mit der sie die Geschichte des Pleistozän-Klimas darstellten (Abb. 29). 15 Jahre später, als Köppen die Strahlungskurven von Milankovich erhielt, erkannte er sofort, daß er die Astronomische Theorie durch einen Vergleich der Strahlungskurven mit dem Schema von Penck und Brückner nachprüfen konnte. Wie in Kapitel 8 berichtet, stellten Köppen und Wegener diesen Vergleich 1924 an und kamen zu dem Schluß, die Theorie decke sich erstaunlich mit den Fakten. Im Strahlungsdiagramm von Milankovich wie auch in der Klimadarstellung von Penck und Brückner erschienen die Eiszeiten als kurze Pulse, getrennt von längeren warmen Zeitspannen. Obwohl die zeitliche Festlegung der Eiszeiten und die Strahlungsminima nicht genau übereinstimmten, war das allgemeine Muster der beiden Kurven recht ähnlich. Köppen und Wegener waren besonders von der Tatsache beeindruckt, daß die interglaziale Zeitspanne zwischen den Mindel- und Rißvergletscherungen (die Große Zwischeneiszeit von Penck und Brückner) der von Milankovich vorausgesagten langen warmen Zeitspanne entsprach. Und schließlich deckte sich der von Penck und Brückner entwickelte Wert von 20 000 Jahren (seit dem Ende der letzten Eiszeit) einigermaßen mit dem Zeitpunkt des letzten Strahlungsminimums vor 25 000 Jahren.

Zufrieden darüber, daß die Astronomische Theorie durch eine unabhängige Forschungsreihe bestätigt worden war, gab Köppen die gute Nachricht an Milankovich weiter und veröffentlichte danach (1924) seine Kurven. In den folgenden 15 Jahren untersuchten die deutschen Geologen Barthel Eberl und Wolfgang Soergel erneut die Schweizer Terrassen und entdeckten, daß mehrere von Penck und Brückner erkannte Terrassen tatsächlich zusammengesetzte Strukturen waren, die aus mehr als einer Kiesablagerung bestanden.

Doch die revidierte Version der Klimakurve von Penck und Brückner schien sich mit den Einzelheiten der Strahlungskurve noch besser zu decken als vorher; und Milankovich nahm eine Zusammenfassung der geologischen Arbeit in seine Veröffentlichung von 1941 auf (Abb. 30).

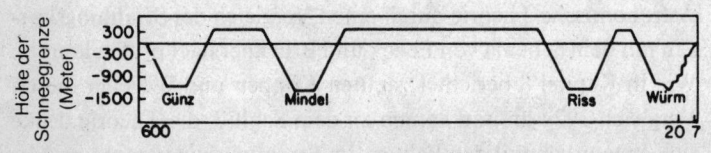

Abb. 29 Theoretische Aufeinanderfolge der europäischen Eiszeiten entsprechend der Klimageschichte Europas, wie sie durch die Arbeit von A. Penck und E. Brückner 1909 behauptet wurde. Während der vier angenommenen Eiszeiten (Günz, Mindel, Riß und Würm genannt) erstreckte sich der Schnee nach ihrer Schätzung über 1000 Meter weit unter der derzeitigen Grenze in den Alpen (nach M. Milankovich, 1941).

In den 1930er und 1940er Jahren sprachen sich die meisten europäischen Geologen für die Theorie von Milankovich aus. Tatsächlich begann, wie Milankovich selbst mit deutlicher Freude bemerkte, »eine ständig zunehmende Anzahl von Wissenschaftlern die ... Sedimente nach der neuen Methode zu klassifizieren, sie mit den Strahlungskurven in Verbindung zu bringen und mit Hilfe dieser Kurven zu datieren«. Auf subtile Weise hatte sich die Betonung verschoben: Wo einmal die geologische Vergangenheit zur Prüfung der Theorie gebraucht wurde, benutzte man nun die Theorie zur Erklärung der Vergangenheit. »Auf diese Weise«, so Milankovich, »erhielt die Eiszeit einen Kalender.« Zu denen, die diesen Kalender entwickelten, zählte auch Frederick E. Zeuner, Professor der Geochronologie an der Universität London. 1946 und noch einmal 1959 veröffentlichte er Bücher, in denen der Kalender von Milankovich zur Datierung der Hauptereignisse in der Pleistozän-Epoche eine hervorragende Rolle spielte.

Die Geologen in Amerika, denen die Alpenterrassen zu weit entfernt und etwas rätselhaft erschienen, waren skeptischer. Sogar in Europa wurde die Theorie nicht einmütig gebilligt. Ein Mann, der sich offen dagegen aussprach, war der deutsche Geologe Ingo Schaefer. Nachdem er den Flußterrassen in den Alpen viel Aufmerksamkeit gewidmet hatte, gewann Schaefer die Überzeugung, die Grundhypothese des Penck-Brückner-Schemas müsse fehlerhaft sein. Er entdeckte nämlich, daß manche Kiesschichten fossile Mollusken enthielten, die heute nur in warmen Klimaten gefunden werden. Wie konnten Sedimente, die solche Fossilien enthielten, in einer Eiszeit abgelagert worden sein? Es war eine heikle Frage, die sogar die Fundamente der Theorie von Milankovich zu unterminieren drohte. Die meisten europäischen Geologen zogen es vor, das Problem zu ignorieren, indem sie über Schaefers Fossilien als unbedeutende Ausnahme einer allgemeinen Regel hinweggingen.

Nicht viel später wurden aber andere Stimmen gegen die Theorie von Milankovich laut. Einige Meteorologen wiesen darauf hin, die Theorie befasse sich nur mit dem Ausgleich der Erdbestrahlung und ignoriere die Rolle, die die Atmosphäre und das Meer beim Transport der Wärme spielen. Andere fanden Widersprüche in den von Milankovich veröffentlichten Berechnungen. Theoretisch wären die Temperaturen in einem Eiszeitsommer um 6,7 °C geringer gewesen als heute. Milankovichs Berechnungen schienen hier also recht annehmbar zu sein. Doch die Wintertemperaturen wären nach der Berechnung durchschnittlich um 0,7 °C *höher* als heute gewesen – ein Wert, den zu akzeptieren viele Wissenschaftler für problematisch hielten. Milankovich ließen diese Kritiken kalt: »Ich halte es nicht für meine Pflicht, den Ignoranten eine Grundausbildung zu geben, und ich habe auch niemals versucht, andere zur Annahme meiner Theorie zu zwingen.«

Trotz der von Meteorologen erhobenen theoretischen Einwände und der von Schaefer vor Ort gefundenen nachteiligen Beweise hielt die Mehrheit der Wissenschaftler auch weiterhin an der Astronomischen Theorie fest – bis 1950. Anfang der fünfziger Jahre wurde die Astronomische Theorie von den meisten Geologen abgelehnt. Den Untergang der Theorie bedeutete die Entwicklung einer revolutionären neuen Methode zur Lösung des Problems der Datierung von Fossilien des Pleistozän.

Die neue Technik war die Radiokarbon-Methode zur Zeitbestimmung, entwickelt von Willard F. Libby von der Universität Chicago in den Jahren 1946 bis 1949. Libby entdeckte, daß in der Atmosphäre in kleinen Mengen eine radioaktive Form von Karbon (Radiokarbon) von kosmischen Strahlen erzeugt wird. Schließlich werden die Radiokarbon-Atome in der Atmosphäre von den Körpern aller lebenden Pflanzen und Tiere absorbiert. Die Organismen setzen aber die Aufnahme von Radiokarbon nur fort, solange sie leben. Nach dem Tode lösen sich die Radiokarbon-Atome im organischen Gewebe auf, indem sie sich in inaktive Stickstoffatome verwandeln, und zwar mit einer meßbaren Geschwindigkeit. Libby machte geltend, es müsse möglich sein, diese Geschwindigkeit zur

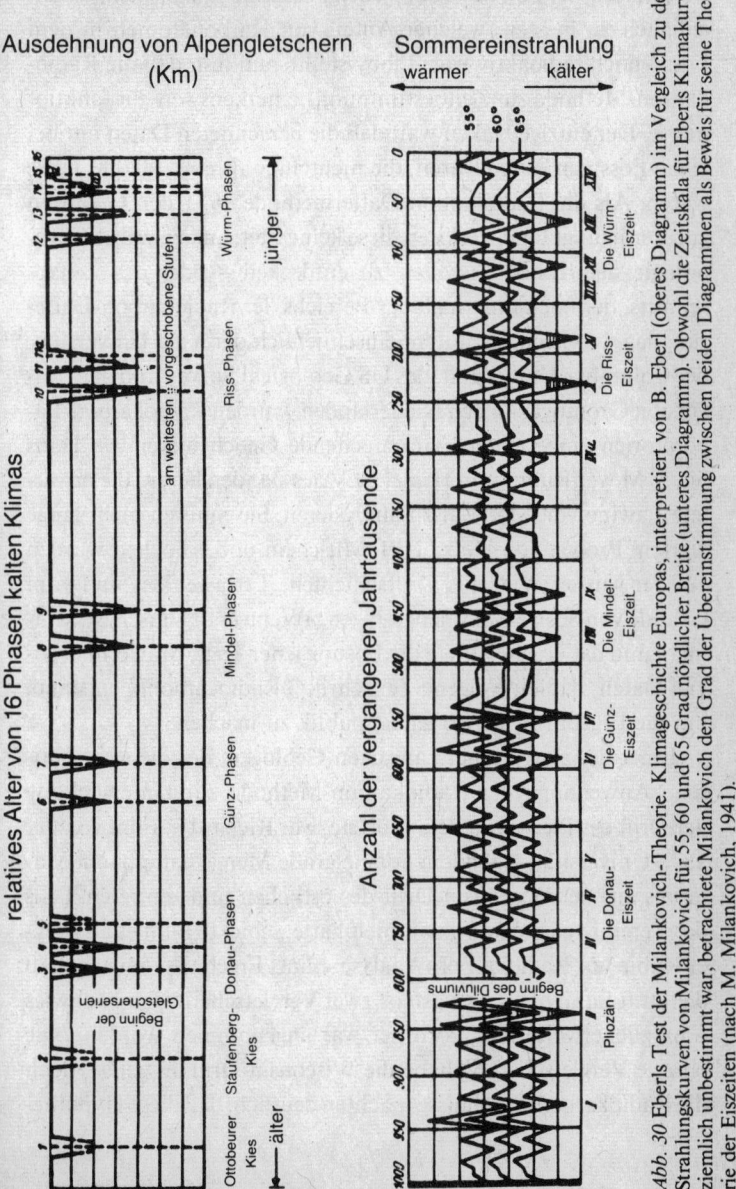

Abb. 30 Eberls Test der Milankovich-Theorie. Klimageschichte Europas, interpretiert von B. Eberl (oberes Diagramm) im Vergleich zu den Strahlungskurven von Milankovich für 55, 60 und 65 Grad nördlicher Breite (unteres Diagramm). Obwohl die Zeitskala für Eberls Klimakurve ziemlich unbestimmt war, betrachtete Milankovich den Grad der Übereinstimmung zwischen beiden Diagrammen als Beweis für seine Theorie der Eiszeiten (nach M. Milankovich, 1941).

Berechnung der Zeit des Todes jeden Fossils heranzuziehen: Es galt lediglich zu messen, welcher Anteil von Karbonatomen in dem Fossil noch radioaktiv war. Libby stellte nun fest, daß die Radiokarbon-Methode zur Zeitbestimmung bemerkenswert gut funktionierte. Der einzige Haken war, daß die berechneten Daten nur bei jenen Fossilien genau waren, die nicht älter als etwa 40 000 Jahre waren. Als die Radiokarbon-Datiermethode 1951 den Geologen zur Verfügung stand, verloren diese keine Zeit, um die wahre Chronologie der letzten Eiszeiten zu entdecken – oder des Zeitabschnitts, der noch innerhalb des Bereichs der Radiokarbon-Datierung lag. In vielen Instituten, einschließlich der Yale-Universität, der Columbia-Universität, des US Geological Survey und der Universität Groningen in den Niederlanden, wurden Radiokarbon-Laboratorien eingerichtet. Bahnbrechende Geochemiker wie Hans Sueß, Meyer Rubin und Hessel DeVries standen bereit, die erwartete Lawine von Material zu analysieren. Sie mußten nicht lange warten. Proben von Holz, Torf, Muscheln und Knochen wurden auf der ganzen Welt aus Driftschichten, Terrassenkies und vom Grunde von Seen zusammengetragen. »Wenn es organisch ist, sammeln und datieren!« lautete die Losung jener Tage. Man erhielt soviel Daten, daß eine eigene Zeitschrift, »Radiocarbon«, entstand, um die Ergebnisse weitgehendst publik zu machen.

Einer der ersten amerikanischen Geologen, der die systematische Anwendung der Radiokarbon-Methode zur Untersuchung der Drift des Pleistozän befürwortete, war Richard F. Flint von der Yale-Universität. Nachdem er eine große Menge datierbaren Materials aus der Wisconsin-Drift des östlichen und zentralen Teils der Vereinigten Staaten gesammelt hatte, schickte Flint es an Meyer Rubin zur Radiokarbon-Analyse. Flints Ergebnisse zeigten, daß die Drift tatsächlich wenigstens zwei Vergletscherungen nachwies – möglicherweise mehr. Vorher war angenommen worden, eine einzige Vergletscherung habe die Wisconsin-Drift ausgelöst, doch die Radiokarbon-Ergebnisse machten deutlich, daß diese Hypothese nicht länger aufrechterhalten werden konnte. Die älteren Ablagerungen in der Drift entzogen sich zum größten Teil jeglicher Radiokarbon-Datierung; die jüngste Tonablagerung lag aber innerhalb der Datierbarkeit, und Flint und Rubin waren in der Lage aufzuzeigen, daß die große Eisdecke ihre maximale Ausdehnung vor 18 000 Jahren erreicht hatte. Und vor etwa 10 000 Jahren verschwand sie sehr schnell.

Eine Zeitlang schien es, als würden die Ergebnisse der Radiokarbon-Revolution mit der Milankovich-Theorie übereinstimmen. Wenn es nun auch stimmte, daß das 18 000-Jahr-Datum für das letzte Eiszeitmaximum 7 000 Jahre jünger war als das 25 000-Jahr-Datum, das Milankovich für das letzte Strahlungsminimum berechnet hatte, so konnte eine solche Unstimmigkeit leicht mit der Zeit erklärt werden, die eine schwerfällige Eisdecke benötigt, um auf eine Veränderung im Strahlungshaushalt der Erde zu reagieren. Tatsächlich hatte ja Milankovich selbst vorausgesagt, eine solche Verzögerung würde eintreten und hätte eine geschätzte Dauer von etwa 5 000 Jahren.

Doch die Entdeckung einer 25 000 Jahre alten Torfschicht in Farmdale, Illinois, erschütterte endgültig den Glauben an die Milankovich-Theorie. Eine solche Ablagerung konnte sich nur in einer Zeitspanne relativ warmen Klimas gebildet haben. Wie warm, das war ungewiß, aber das Datum für diesen warmen Zeitraum deckte sich genau mit dem Datum eines Strahlungsminimums. Wenn Ablagerungen des gleichen Alters und Typs an anderen Orten im Mittelwesten, in Ostkanada und in Europa gefunden würden, so wäre der geologische Nachweis gegen die Astronomische Theorie anscheinend überwältigend.

Das Programm der Radiokarbon-Datierung erlaubte es immer mehr Geologen, ihre Beobachtungen vor Ort anhand einer sicheren Zeitskala zu fixieren. Das führte zur Entwicklung einer neuen Methode zur Erstellung einer Klimakurve, die direkt mit der Strahlungskurve verglichen werden konnte. Die Geologen erreichten dies, indem sie Daten für eine große Anzahl von Ton- und Lößproben entlang einer günstigen Nord-Süd-Linie erarbeiteten. Diese Ton-Löß-Grenze konnte dann als Funktion der Zeit graphisch dargestellt werden. Die sich ergebende gezackte Linie zeigte dann die Position des südlichen Randes der Eisdecke, während sie im Verlauf der Jahrtausende auf dieser bestimmten geographischen Länge vorrückte und sich wieder zurückzog.

Es war schwer, der Versuchung einer Verwendung der Radiokarbon-Daten über den zuverlässigen Bereich der Methode (40 000 Jahre) hinaus zu widerstehen. Bis Mitte der 1960er Jahre hatten mehrere Teams von Forschern Diagramme gezeichnet, aus denen hervorging, wie der südliche Rand der Eisdecken in den letzten 70 000 oder sogar 80 000 Jahren vor- und zurückfloß. Eines der detaillierten Diagramme, das von Richard P. Goldthwait, Alexis Dreimanis und ihren Mitarbeitern erstellt worden war, basierte auf Beobachtungen von Gletscherton und Löß entlang einer Linie zwischen Indiana und Quebec (Abb. 31). Diese Ergebnisse zeigten ein Muster von klimatischen Veränderungen, das an fast allen Punkten mit der Astronomischen Theorie unvereinbar war. Ungefähr vor 72 000 Jahren befand sich beispielsweise der Gletscherrand im südlichen Quebec weit nördlich von seiner Position während des maximalen Vorstoßes. Und das war gerade der Zeitpunkt eines bedeutenden Strahlungsminimums. Darüber hinaus wies das Diagramm aus, daß größere Gletschervorstöße vor 60 000, 40 000 und 18 000 Jahren eingetreten waren. Nur der jüngste Vorstoß war von Milankovich vorausgesagt worden.

Wo immer Geologen die Radiokarbon-Datierungsmethode zur Untersuchung älterer Driftablagerungen anwandten, war das Ergebnis gleich. In den letzten 80 000 Jahren – oder zumindest während einer Zeitspanne, die sie für die letzten 80 000 Jahre hielten – gab es mehr Gletschervorstöße, als durch die Theorie von Milankovich erklärt werden konnten. Um 1965 hatte die Astronomische Theorie der Eiszeiten die meisten ihrer Anhänger verloren.

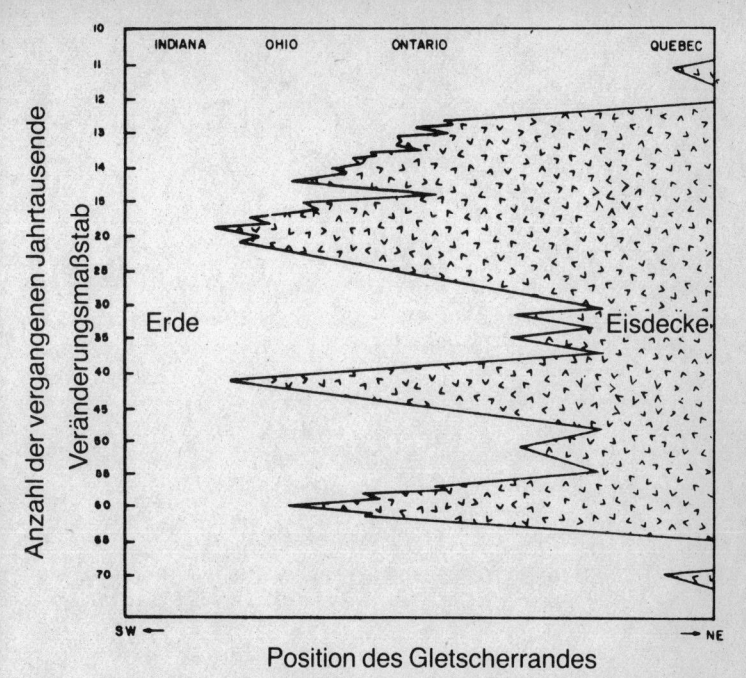

Abb. 31 Schwankungen des Randes der Eisdecke zwischen Indiana und Quebec. Die geographische Position des Randes der nordamerikanischen Eisdecke ist als fluktuierende Grenze zwischen Erdablagerungen und Gletscherdrift aufgezeigt. Die vermutete Chronologie dieser Schwankungen, von bis zu 70 000 Jahre alten Radiokarbon-Daten geliefert, ist unvereinbar mit der Theorie von Milankovich (nach R. P. Goldthwait et al., 1965).

10
Das Meer und die Vergangenheit

Wäre die Theorie von Milankovich vor einem Gericht verhandelt worden, so wäre ein Antrag auf Erklärung als Fehlurteil sicherlich mit der Begründung angenommen worden, daß der Fall des Staatsanwalts sich lediglich auf Beweise stützte, die anhand der Oberfläche des Festlandes gesammelt worden waren. Da der Nachweis des vergangenen Klimas durch Sedimente auf dem Land nur unvollständig war, wären die »Zeugen«, die bei dem Milankovich-»Prozeß« aussagten, nicht nur befangen, sie wären auch schlecht informiert gewesen.

James Croll war einer der ersten, die die Unvollständigkeit der geologischen Geschichte des Klimas erkannten, und er hatte den Tag kommen sehen, da die Geologen in der Lage wären, vollständigere Informationen über die Eiszeitenfolge zu erlangen, indem sie den Meeresboden untersuchten. »In den tiefen Spalten des Ozeans, begraben unter Hunderten von Metern Sand, Schlamm und Kies, liegen Massen von Pflanzen und Tieren, die . . . von Flüssen in das Meer getragen wurden. Und zusammen mit diesen müssen Skelette, Muscheln und andere Exuvien von Geschöpfen liegen, die in den Meeren jener Perioden gediehen.« Crolls Beschreibung war jedoch rein spekulativ gewesen. Denn zu seinen Lebzeiten wußten Wissenschaftler tatsächlich mehr über die Oberfläche des Mondes als über die Tiefen des Meeres.

Das Meer sollte aber seine Geheimnisse nicht lange für sich behalten. 1872 rüstete die britische Regierung eine 2306 BRT Dampfkorvette, die H.M.S. »Challenger«, für eine Entdeckungsreise um die Welt aus, die dreieinhalb Jahre dauern sollte. Unter der Leitung von C. Wyville Thomson entwickelten die sechs Wissenschaftler der »Challenger« Techniken zur Lotung, zur Entnahme von Wasserproben, zum Einfangen von Pflanzen und Tieren und zur Arbeit mit dem Bodenschleppnetz in allen Tiefen. Als die Expedition 1875 nach England zurückkehrte, war ein großer Teil der Meeresgeheimnisse enträtselt.

Beobachtungen seitens der Mannschaft der »Challenger« bestätigten viele der Crollschen Voraussagen. Mit Ausnahme einiger nackter Felsbänke aus Basaltgestein war der Meeresboden mit einer Decke aus Sediment überzogen. An den Rändern der Kontinente waren die von Flüssen ins Meer transportierten Ablagerungen durch Strömungen neu verteilt worden. Dort war der Meeresboden von Schichten aus Sand und Schlamm bedeckt, die Fragmente von Pflanzen und anderen vom Land stammenden Materialien enthielten. Entfernt von den Kontinentalrändern war aber der Boden des offenen Meeres mit feinstrukturiertem Schlick bedeckt. Als die Geologen der »Challenger« Proben dieses Schlicks unter dem Mikroskop untersuchten, stellten sie fest, daß viele Proben sich fast vollständig aus fossilen Überresten winziger Tierchen und Pflanzen zusammensetzten. Es dauerte nicht lange, bis man den lebenden Ursprung dieser winzigen Fossilien lokalisiert hatte. Die Netze, die die Biologen der Expedition durch das Oberflächenwasser des Ozeans zogen, fingen riesige Mengen schwimmender Organismen ein (unter dem Sammelbegriff »Plankton« bekannt), deren mineralisierte Reste mit jenen auf dem Meeresboden gefundenen identisch waren. Der organische Schlick war während einer langen Zeitspanne von dem langsamen »Regen« von Skeletten auf den Meeresboden gebildet worden.

Die Wissenschaftler an Bord der »Challenger« stellten fest, daß eine Form von Schlick – zusammengesetzt aus den Kalkresten der Planktontierchen *foraminifera* – weite Gebiete des Meeresbodens bedeckte. Dieser Typ von Sediment war besonders in gemäßigten und tropischen Ozeanen vorherrschend, die nicht tiefer als 4000 Meter waren. Eine andere Art von organischem Schlick war in den kälteren Gewässern der arktischen und antarktischen Meere weit verbreitet. Dieser Typ setzte sich hauptsächlich aus Opal, einem glasartigen Mineral, das von Planktontierchen (*radiolaria*) dem Meerwasser entzogen wird, sowie Planktonpflanzen (*diatomeen*) zusammen. Als die Expedition beendet war und die gesammelten Daten auf Karten kompiliert wurden, stellten die Wissenschaftler fest, daß die beiden Typen von organischem Schlick eine Hälfte des Meeresbodens bedeckten – ein Gebiet, so groß wie alle Kontinente zusammen. In Tiefen von mehr als 4000 Metern war der Meeresgrund nicht mit organischem Schlick, sondern mit einer Schicht aus braunem Ton bedeckt, die überhaupt keine Fossilien enthielt. In diesen Tiefen, so wurde erklärt, führten die Eigenschaften des Seewassers dazu, daß die Opal- oder Kalkskelette aufgelöst wurden, während sie absanken. Alles, was hier übrigblieb, waren feine Tonpartikel, die von Strömungen oder vom Wind herangetragen worden waren.

Nach der Rückkehr der »Challenger«-Expedition wurde von dem britischen Wissenschaftler John Murray ein internationales Forscherteam organisiert, um das phantastische Beobachtungsmaterial zu analysieren. Um 1895 war die Analyse abgeschlossen, und ein fünfzigbändiger Bericht wurde veröffentlicht. Von besonderem Interesse für Erforscher der alten Klimate war der Nachweis, daß einige Spezies von *foraminifera* (und anderen Planktonorganismen) nur in kaltem Wasser, andere nur in warmen Gewässern lebten. Auf diese Weise war Crolls Traum, einen vollkommenen Nachweis der Klimageschichte aus den Sedimentschichten am Meeresboden zu extrahieren, endlich realisierbar. Denn wenn das Klima sich veränderte, würde die geographische Ausbreitung von temperaturempfindlichen Spezies sich entsprechend ändern. Die Folge von Sedimentschichten an irgendeinem Ort mußte einen dauerhaften Nachweis der Eiszeitenfolge enthalten.

Es blieb nur *ein* Problem. Ehe die Wissenschaftler die Klimageschichte aus der Aufeinanderfolge von fossilen Ablagerungen auf dem Meeresboden rekonstruieren konnten, mußten sie einen Querschnitt des Sedimentstapels erstellen. Es wurden viele Versuche zur Gewinnung eines solchen Querschnitts unternommen. Das Prinzip bei allen war gleich: Ein Stahlrohr würde, wenn man es in den Meeresboden preßte und wieder herauszog, einen Sediment»kern« zutage fördern. Die ersten Vorrichtungen wurden Schwerkraftbohrer genannt, weil das Rohr nur vom Eigengewicht in den Meeresboden getrieben wurde. Eine Kernbohrvorrichtung wurde herabgelassen, bis sie über dem Meeresboden hing. Der Schwung, den das Rohr dann im Fallen gewann, trieb es in den Sedimentstapel. Leider war es mit dieser Vorrichtung nur möglich, Kerne von etwa einem Meter Länge zu gewinnen – nicht lang genug, um die vollständige Eiszeitenfolge aufzuzeigen. Um die Eindringtiefe zu vergrößern, wurden Bleigewichte an der Kernbohrvorrichtung befestigt, doch damit war wenig gewonnen, weil die dem Eindringen entgegenwirkenden Reibungskräfte zu stark waren. Es wurden andere Vorrichtungen ausprobiert, einschließlich einer etwas ungewöhnlichen von Charles S. Piggot, bei der Dynamit verwendet wurde, um das Rohr in den Meeresboden zu treiben. Die Methode erwies sich jedoch als nicht zufriedenstellend, weil der Fossiliennachweis stark verzerrt wurde.

Trotz der Grenzen der Kernbohrung durch Schwerkraft war der deutsche Paläontologe Wolfgang Schott bereit, eine Reihe von Kernen zu untersuchen, die vom Grund des Atlantischen Ozeans am Äquator durch die deutsche »Meteor«-Expedition der Jahre 1925 bis 1927 geborgen worden waren. Schotts Ergebnisse, 1935 veröffentlicht, legten das Schema für die zukünftige Arbeit mit dem Pleistozän-Plankton fest. Er begann damit, das Verteilungsmuster von 21 verschiedenen Spezies von Plankton Forams (winzige, an der Oberfläche lebende Tierchen) auf dem heutigen Meeresboden kartographisch zu erfassen. Dann entnahm er seinen einen Meter langen Kernen in regelmäßigen Abständen Proben und nahm an jeder eine Zählung vor. Schott konnte drei Schichten unterscheiden. In den meisten Kernen enthielten die obersten 30 oder 40 Zentimeter eine Zusammensetzung von Foraminiferen, die sich stark von dem unterschieden, was in der darunterliegenden Schicht enthalten war. Die Zusammensetzung in der obersten Schicht (Schicht 1) war identisch mit der, die sich jetzt auf dem Meeresboden ansammelte. Die darunterliegende Schicht (Schicht 2) setzte sich aus vielen gleichen Spezies zusammen, nur waren sie in unterschiedlichen Anteilen vorhanden. Während Schicht 1 hauptsächlich »warme« Foramspezies enthielt, war in Schicht 2 ein größerer Anteil »kalter« Spezies vorhanden. Tatsächlich war eine Foramspezies nur in Schichten 1 und 3 enthalten und fehlte völlig in Schicht 2. Der Name dieser Spezies, *globorotalia menardii*, sollte noch viele Jahre lang von den Geologen benutzt werden. Schott kam nämlich zu dem Schluß, die Sedimentschicht ohne *menardii* sei in der letzten Eiszeit abgelagert worden, als das Wasser im Äquatorialatlantik zu kalt war, um die Spezies zu unterhalten. Nach seiner Ansicht war die *menardii*reiche Schicht 1 abgelagert worden, nachdem die Gletscher sich zurückgezogen hatten. Schicht 3, die ebenfalls *menardii* enthielt, war anscheinend ein Nachweis für die Interglazialen, die der letzten Eiszeit vorausgegangen war.

Schotts Ergebnisse regten die Neugier der Paläontologen auf Kerne an, die länger waren als die, welche die Schwerkraftvorrichtungen bergen konnten. Immerhin, wenn Schott in einem nur einen Meter langen Kern einen Nachweis gefunden hatte, der bis zur letzten Zwischeneiszeit zurückreichte, wieviel mehr konnte man dann aus einem Kern lernen, der zehn Meter lang war?

Das Kerngewinnungsproblem wurde schließlich 1947 gelöst, als der schwedische Ozeanograph Björe Kullenberg einen Kolben so einrichtete, daß Sedimente in ein Kernrohr gesaugt wurden, während man das Rohr in den Meeresboden trieb. Weil diese Vorrichtung normalerweise Kerne von einer Länge von 10 bis 15 Metern heraufbeförderte, leitete sie eine neue Ära der Erforschung der Klimageschichte ein.

Die schwedische Tiefsee-Expedition von 1947 bis 1948 benützte als erste den Kullenberg-Kernbohrer. Unter dem Kommando von Hans Pettersson segelte das Forschungsschiff »Albatross« um die Welt und barg lange Kerne aus allen Ozeanen. Kerne aus dem Pazifik wurden an Gustav Arrhenius vom Scripps Institut für Ozeanographie in Kalifornien geschickt. Bei der chemischen Analyse dieser Proben entdeckte Arrhenius, daß die Konzentration von Kalziumkarbonat (Kalk) zyklisch schwankte: Schichten, die durch hohe Konzentrationen von Kalkfossilien auffielen, wechselten ab mit Schichten geringerer Konzentration. Diese Variationen erklärte Arrhenius damit, daß die Intensität der Zirkulation im Pazifik in einer Eiszeit anders gewesen sein könnte als in einer Zwischeneiszeit – und daß diese Veränderungen in der Zirkulationsintensität in den variierenden Konzentrationen von Kalziumkarbonat-Fossilien reflektiert würden.

Arrhenius' Forschung demonstrierte: Chemische und paläontologische Zeugnisse konnten zur Untersuchung pleistozäner Klimate verwendet werden – zumindest im Pazifik. Bald begannen Forscher an der Columbia-Universität Kalziumkarbonat-Konzentrationen in Kernen zu messen, die dem Atlantischen Ozean entnommen worden waren; sie stellten fest, daß diese Sedimente ebenfalls deutliche Kalziumkarbonat-Zyklen aufwiesen. Diese Zyklen waren aber jenen in Pazifikkernen entgegengesetzt: Eiszeitablagerungen zeigten geringe Kalkkonzentrationen, interglaziale Ablagerungen dagegen hohe Konzentrationen. Offensichtlich reagierten beide Ozeane unterschiedlich auf wechselnde Klimabedingungen.

Die Arbeit von Arrhenius ergab, daß Sedimente im Pazifik sich sehr langsam anhäuften – etwa ein Millimeter pro Jahrhundert. In gewissem Sinne war dies ein Vorteil für die Paläontologen, denn das bedeutete ja, daß sogar relativ kurze Kerne eine Aufzeichnung der gesamten Pleistozän-Folge enthielten. Die geringe Ablagerungsgeschwindigkeit war aber auch ein Nachteil, denn sie machte es fast unmöglich, die Einzelheiten der Klimageschichte, wie sie in Pazifikkernen nachgewiesen worden waren, zu erforschen.

Im Atlantischen Ozean sammelten sich die Sedimente jedoch

sehr viel schneller an, im allgemeinen etwa zwei oder drei Millimeter pro Jahrhundert; daher konnte man hier erwarten, daß die Kerne einen vollständigeren Klimanachweis enthielten. Die Geologen erwarteten deshalb mit Interesse die Ergebnisse einer Untersuchung von 39 Kullenberg-Kernen, die von Hans Pettersson vom Grund des Atlantik geborgen worden waren. Diese Kerne wurden von drei Wissenschaftlern am Scripps-Institut für Ozeanographie analysiert: Fred B. Phleger, Frances L. Parker und Jean F. Peirson.

Ihre 1953 veröffentlichte Monographie demonstrierte, daß die langen Kerne aus dem Atlantik mindestens neun Eiszeiten im Pleistozän aufzeigen. Sie stellten auch fest, daß die Interpretation der Klimageschichte nach Untersuchung von Tiefseesedimenten keineswegs problemlos ist: Denn mehrere Kerne enthielten Flachwasser-Foraminifera, die offensichtlich auf irgendeine Weise aus dem Gebiet nahe der Küste verdrängt worden waren. Wie aber nun diese verdrängte Fauna – und die Sandschichten, die mit ihnen assoziiert waren – mit den Teilchen vermischt wurden, die sich als langsamer Planktonregen ansammelten, das war das Geheimnis.

Ehe er Professor der Ozeanographie am Scripps-Institut wurde, hatte Phleger mehrere Jahre am Woods Hole Ozeanographischen Institut auf Cape Cod gearbeitet. Dort hatte er David B. Ericson eingestellt, der ihm im Labor und an Bord des Schiffes assistieren sollte. Ericson war während seiner Zeit als Geologischer Assistent am »Geological Survey« (Staatliches Vermessungsamt) von Florida überzeugt worden, daß Meeressedimente erforscht werden mußten. Ebenfalls am Woods-Hole-Institut arbeitete der Geophysiker Maurice Ewing, der die ersten Schritte unternahm, die ihn schließlich zu bedeutenden Entdeckungen bezüglich der Natur der Erdkruste unter den Ozeanen führen sollten. 1949 plante Ewing eine Expedition zum Mittelatlantik-Rücken, und er wünschte sich einen Assistenten mit Erfahrung hinsichtlich der Erforschung von Meeresfossilien. Ericson war sein Mann.

Im Jahr 1950 nahm Ewing eine Stelle an der Columbia-Universität an, zog nach New York und nahm seine Kerne mit. Ericson stellte später fest, daß er »mit seinen Kernen abzog«. Bald arbeitete eine Gruppe von älteren Wissenschaftlern, Technikern und Studierenden der Columbia zusammen, fasziniert von Ewings Erforschung des Ursprungs der Ozeanbecken. Dieser Gruppe wurden ihre Räume in Schermerhorn Hall in Columbia recht schnell zu klein. Columbia hatte kurz vorher einen Landsitz in Palisades, New York, zugewiesen bekommen. Der Besitz war der Universität von Thomas Lamont vermacht worden. Ewings Gruppe zog um und machte in wenigen Jahren das Lamont Geological Observatory zu einem weltbekannten Zentrum für ozeanographische und geophysikalische Forschung.

Da er die potentielle Bedeutung der Kernuntersuchung erkannte, bestand Ewing darauf, daß alle Schiffe von Lamont, ohne Rücksicht auf andere Forschungsaktivitäten, jeden Tag mit Hilfe des Kullenberg-Kolbens Kerne aufnahmen. Hunderte von Kernen wurden jedes Jahr geborgen und für eine zukünftige Erforschung gelagert. Die Kernsammlung von Lamont wurde bald die größte der Welt, und Ericson befand sich in einer idealen Position, die Geschichte des Klimas zu erforschen. Bereits vertraut mit der Arbeit von Schott und der Scripps-Gruppe, war er erpicht darauf, ihre Forschungsergebnisse auszuweiten und die Geschichte in größeren Einzelheiten auszuarbeiten. Aber in mancher Hinsicht stellten Schichten von verdrängten Sedimenten, ähnlich jenen, die Phleger so irritiert hatten, ein ernstes Problem dar. Diese Schichten aus Sand und Muscheln – irgendwie von flachen Küstengewässern transportiert – verzerrten den Klimanachweis, der auf dem Tiefseeboden von dem langsamen Regen der Planktonteilchen geliefert worden war.

Als Phlegers Monographie 1952 noch im Druck war, wurde in Lamont das Rätsel der verdrängten Schichten von Ericsons Kollegen gelöst. Durch Untersuchung der Spuren eines Erdbebens, das sich 1929 auf der Großen Bank von Neufundland ereignet hatte, waren Bruce C. Heezen und Maurice Ewing in der Lage, den Vorgang zu identifizieren, durch den sich verdrängte Schichten bilden. Das Erdbeben von 1929 hatte auf dem Meeresboden einen Sedimentrutsch ausgelöst. Sedimentteilchen, schwebend gehalten in einer schlammigen Wasserschicht dicht über dem Grund, waren eine Bodenneigung abwärts geströmt. Dieser Schlammstrom, der sich mit der Geschwindigkeit eines Schnellzuges bewegte, hatte Untersee-Telefonkabel zerrissen, eine Schicht aus Sand und Schlamm über ein weites Gebiet verstreut und dadurch den normalen Sedimentationsprozeß im tiefen Wasser unterbrochen.

Nun, da Ericson verstand, wie die verdrängten Schichten zustande gekommen waren, konnte er Methoden zu ihrer Identifizierung entwickeln und damit die Sedimentstörung aus dem Klimasignal ausblenden. Er begann mit seinem Assistenten Goesta Wollin, jeden einzelnen Kern in der Lamont-Sammlung zu untersuchen – keine einfache Aufgabe, da jetzt 200 Kerne pro Jahr gesammelt wurden. Um den Ablauf zu beschleunigen, folgte Ericson einer ursprünglich von Schott entwickelten, vereinfachten Methode des Laborverfahrens. Anstatt die Anzahl aller Foraminifera-Spezies in einer Probe einzeln zu zählen, konzentrierten Ericson und Wollin ihre Aufmerksamkeit auf die wenigen Spezies, die sie für besonders empfindlich gegenüber Klimaveränderungen hielten (Abb. 32). Ursprünglich schätzten sie einfach die Häufigkeit dieser Indikatorspezies. Später, als präzisere Ergebnisse verlangt wurden, führten sie genaue Zählungen durch. Auf den niederen Breitengraden war der Haupt»kandidat« für diese Überwachungsrolle die *globorotalia menardii,* jene Spezies, die Schott ausschließlich in seinen beiden warmen Schichten gefunden hatte. Ericsons Arbeit an den Kernen, die in niederen Breitengraden des Atlantik gewonnen worden waren, bestätigte Schotts Thesen, denn hier lieferten die Schwankungen in der Häufigkeit von *menardii* einen deutlichen Nachweis von Klimaveränderung. In den Kernen aus höheren, kälteren Breitengraden kamen *menardii* überhaupt nicht vor. Auf diesen Breitengraden mußten andere Spezies für die Überwachung von Veränderungen in früheren Klimaten benutzt werden.

Im Jahr 1956 war Ericson von der Gültigkeit seiner vereinfachten Klimamethode überzeugt, und er konnte auf entsprechende Beweise aus zwei unterschiedlichen Forschungslagern verweisen. Ein Aspekt wurde von seinen Kollegen am Lamont-Institut, Wallace S. Broecker und J. Laurence Kulp, verfolgt. Als diese Geochemiker die Grenze zwischen Ericsons beiden obersten Sedimentschichten datierten – von denen die obere *menardii*-Spezies enthielt, die untere jedoch nicht – , stellten sie fest, daß der Übergang abrupt vor etwa 11 000 Jahren eintrat. Dieses Datum kam sehr dicht an das Radiokarbon-Alter heran, das für eine plötzliche Temperaturveränderung an Land gefunden worden war. In einem 1956 veröffentlichten Artikel kamen Ericson, Broecker, Kulp und Wollin zu dem Schluß: »Die Daten im Kern weisen definitiv auf die sehr kritische Periode unmittelbar vor und nach 11 000 Jahren innerhalb der Gletschergeschichte hin. Weitere Korrelation von Ereignissen sowohl im Meer wie auch auf dem Land in dieser Zeitspanne können zum Verständnis einiger jener Faktoren führen, die eine Vergletscherung verursachen.« Die Zusammenarbeit, die diesem Artikel zugrunde lag, reflektierte ein sich herausbildendes Muster interdisziplinärer Forschung, die schließlich das Kennzeichen für Lamont-Forschung werden sollte.

Die andere Forschungsrichtung, die zunächst eine Bestätigung der Ericsonschen Klimaergebnisse zu liefern schien, bestand in der Entwicklung einer anderen Methode zur Schätzung der Temperatur von Ozeanen des Pleistozän. 1955 von Emiliani an der Universität Chicago entwickelt, basierte diese Methode auf der Isotopenzusammensetzung von Sauerstoffatomen in fossilen Foraminiferen. Als die beiden Methoden bei denselben Kernen angewandt wurden, stimmten die Ergebnisse bei dem jüngeren Teil überein, bei den älteren Teilen jedoch nicht – eine Tatsache, die zum Thema vieler Debatten in den folgenden Jahren werden sollte.

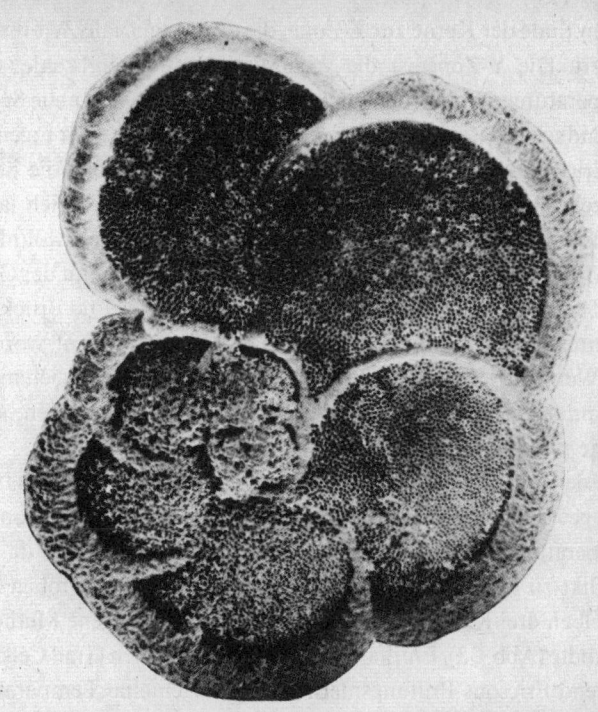

Abb. 32 Ein Fossil vom Tiefseeboden. Nach dem Absterben sinken die Mineralreste vieler an der Oberfläche lebender Tiere und Pflanzen auf den Meeresboden und bilden mächtige Sedimentablagerungen. Die hier gezeigte Schale ist die einer Globorotalia menardii, einer Spezies von Plankton-Foraminifera, die weitgehend von D. B. Ericson als Indikator für Pleistozänklima gebraucht wurde. Das Original ist etwa einen Millimeter breit (mit freundlicher Genehmigung von A. Bé).

Um 1961 hatte Ericson mehr als 100 Kerne untersucht und war bereit, sein Schema der Klimageschichte zu verallgemeinern. Um die Diskussion zu erleichtern, prägte er eine Reihe von Begriffen, mit denen Bestimmungen wie »die dritte Zone von oben, in der *globorotalia menardii* fehlen« ausgeschaltet werden konnten. Das vereinfachte System benutzte die Buchstaben des Alphabets, um die Schichten im Kern zu bezeichnen. So wurde die warme Zone am oberen Ende der Kerne zur Z-Zone, die die postglaziale Zeit repräsentiert. Die Y-Zone ist die vorausgegangene Interglaziale, mit Temperaturen ähnlich denen von heute (Abb. 33). Das neue Schema fand schnell Beifall, da es den Bezug zu einer wichtigen Eigenart der Ericsonschen Klimakurve erleichterte: die V-Zone, die hohe Konzentrationen von *menardii* enthielt, war ungewöhnlich lang. Die darunterliegende U-Zone (ohne *menardii*) war ungewöhnlich kurz. Ericson wies darauf hin, daß seine lange V-Zone mit der Großen Zwischeneiszeit übereinstimmte, die von Penck und Brückner bei ihrer Erforschung des europäischen Klimas erkannt worden war. Wenn auch Ericson selbst der Theorie von Milankovich nicht bestimmte, so konnten doch Wissenschaftler, die dies taten, sich auf die *menardii*-Kurve berufen.

In der Zwischenzeit war Ericson sich jedoch des Konflikts bewußt geworden zwischen der von Emiliani angewandten Isotopen-Temperaturmethode und seinem eigenen Fossilschema. Um den Konflikt zu lösen, analysierten Ericson und Emiliani Proben aus denselben drei Karibikkernen – wobei jeder seine eigene Methode anwandte (Abb. 33). Emiliani lieferte Schätzungen in Grad Celsius, während Ericsons Prüfungsmethode nur allgemeine Temperaturtrends ergab. Dem von Arrhenius entwickelten System folgend, numerierte Emiliani seine abgeleiteten Temperaturschwankungen von oben nach unten. Beide Methoden produzierten in groben Zügen ähnliche Muster für die Zeitspannen W – Z in Ericsons Schema (Stufen 6 – 1 bei Emiliani). Nur wenn das Muster genau untersucht wurde, begannen beunruhigende Unterschiede sichtbar zu werden. Ericsons X-Zone war kürzer als die Stufe 5 von Emiliani, und viele von Emilianis Kernen zeigten eine kurze, aber deutliche warme Zeitspanne in Stufe 3, die in Ericsons Y-Zone kein Gegenstück hatte. Darüber hinaus war Ericsons ungewöhnlich lange V-Zone in Emilianis Schema in mehrere getrennte Schwankungen aufgeteilt. Und Ericsons U-Zone (kalt) wich dramatisch von Emilianis warmen Stufen 11 und 13 ab. Fast ein Jahrzehnt lang sollte für die Divergenz zwischen den beiden Schemata keine zufriedenstellende Erklärung gefunden werden.

1963 hatten Ericson, Ewing und Wollin große Fortschritte gemacht, ein Diagramm der Klimageschichte der Pleistozän-Epoche zu erstellen. Nach der Analyse von »über 3000 Kernen, die aus allen Ozeanen und angrenzenden Meeren auf 43 ozeanographischen Expeditionen seit 1947 geborgen wurden ... haben wir acht gefunden, die eine Grenze enthielten, deutlich definiert durch Veränderungen in den Resten von Planktonorganismen«. Diese Grenze, so folgerten sie, markierte den Beginn der ersten Eiszeit des Pleistozän. Die Grenze, auf die sie sich bezogen, markierte die Extinktion einer Gruppe von sternförmigen fossilen Pflanzen, Diskoaster genannt, ein Ereignis, dessen Eintritt sie auf die Zeit vor 1,5 Millionen Jahren schätzten.

Die Geologen blieben aber im allgemeinen unberührt von der Richtigkeit der Schlußfolgerungen, zu denen Ericson und seine Kollegen gelangt waren. Sie stellten die Chronologie in Frage, weil sie mit schwer nachzuprüfenden Annahmen begründet war. Und sie stellten die Klimainterpretation in Frage, die Ericson der Folge von *menardii*-Zonen zugrunde gelegt hatte. 1964 erläuterten Ericson und Wollin ihre Methoden in dem Buch »The Deep and the Past« (Das Meer und die Vergangenheit). Die Skepsis blieb jedoch. Immerhin war Emiliani zu ganz anderen Ergebnissen gelangt – und er leitete sie von Sedimenten desselben Ozeans ab und im Einzelfall von denselben Kernen.

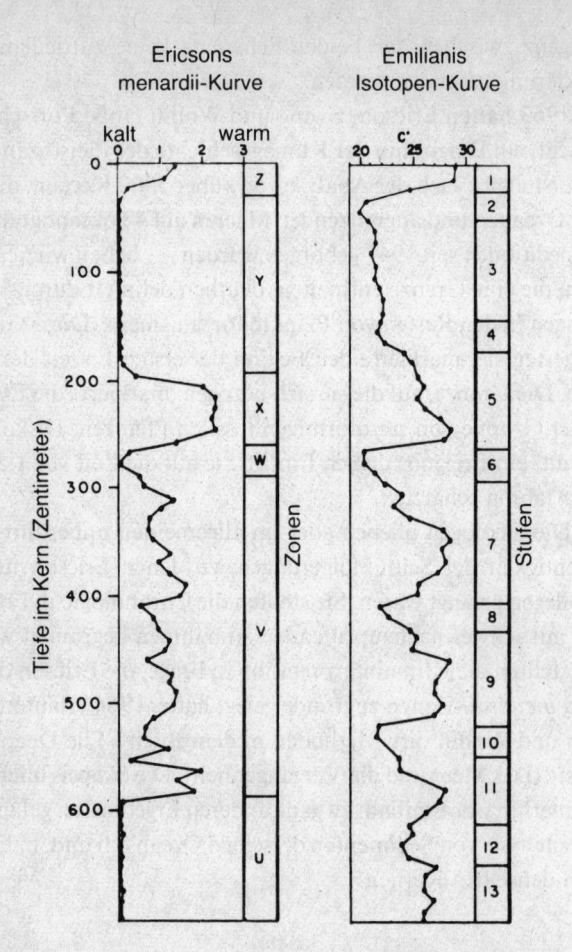

Abb. 33 Aufeinanderfolge von karibischen Eiszeiten nach Ericson und Emiliani. Schwankungen in der Häufigkeit von Globorotalia menardii abwärts in einem Tiefseekern aus der Karibik (A179-4) wurden von D. B. Ericson als Klimanachweis interpretiert. Kalte Zeiträume wurden Zonen U, W und Y genannt; warme Zeiträume als Zonen V, X und Z. Messungen des Sauerstoffisotop-Verhältnisses, die C. Emiliani an Proben desselben Kerns vornahm, wurden ebenfalls als Klimanachweis interpretiert. Warme Zeitspannen wurden als Stufen 13, 11, 9, 7, 5, 3 und 1 bezeichnet; kalte Zeitspannen als Stufen 12, 10, 8, 6, 4 und 2 (Daten aus C. Emiliani, 1955, und D. B. Ericson et al., 1961).

11
Pleistozän-Temperaturen

Im Jahre 1949, als Ericson und Ewing ihre ersten Kerne aus dem Mittelatlantik-Rücken bargen, war Cesare Emiliani auf dem Weg nach Chicago, um das Studium der Paläontologie zu beginnen. Er hatte mehrere Gesteinsproben aus dem nördlichen Appenin in Italien bei sich, wo er seit seiner Graduierung an der Universität Bologna im Jahr 1945 als Ölgeologe gearbeitet hatte. Emiliani wollte etwa ein Jahr an der Universität in Chicago bleiben, um seinen wissenschaftlichen Horizont zu erweitern und einige verblüffende Aspekte seiner Proben aus dem Appenin genauer zu untersuchen.

An der Universität Chicago traf Emiliani mehrere junge Wissenschaftler, die mit dem Nobelpreisträger Harold C. Urey zusammenarbeiteten, um viele grundlegende Fragen der Erdgeschichte geochemisch zu beantworten. Einer dieser jungen Wissenschaftler, Samuel Epstein, erinnerte sich später: »Als ich in Chicago ankam, gärte es an dem Ort. Neue Ideen tauchten jeden Tag auf. Wir hatten nicht nur Harald Urey, der uns inspirierte, sondern es gab ebenso noch andere Koryphäen, einschließlich Willard Libby und Enrico Fermi.« (Libby erhielt später den Nobelpreis für Chemie; Fermi war bereits Nobelpreisträger für Physik.)

Epstein half bei der Entwicklung einer Idee, zu der Urey 1947 den Grundstein legte. Urey meinte, es müßte möglich sein, mit Hilfe von Sauerstoffatomen herauszufinden, welche Temperatur der Ozean in der Vergangenheit gehabt hatte. Die Technik basierte auf der Tatsache, daß Meerwasser zwei ausgeprägte Typen (Isotope) von Sauerstoffatomen enthält. Eines dieser Isotope (Oxygen-18) ist schwerer als das andere (Oxygen-16). Beide sind in den Kalziumkarbonat-Skeletten der Meeresorganismen vorhanden. Urey hatte theoretisch demonstriert, daß die Menge des schwereren Isotops, die ein Tier dem umgebenden Meerwasser entzieht, von der Temperatur des Wassers abhängt. In kaltem Wasser ist die Konzentration des schwereren Isotops im Skelett höher. Deshalb, meint er, müßte es möglich sein, die Wassertemperatur während der Lebensdauer des Organismus zu berechnen, indem man das Verhältnis von Oxygen-18 zu Oxygen-16 in einem fossilen Skelett messe.

Epstein und Emiliani gehörten zu jenen Forschern in Chicago, die davon überzeugt waren, Ureys Methode würde wertvolle Einblicke in die Geschichte der Erde gewähren. Ehe sie jedoch fortfahren konnten, mußten sie zwei Hindernisse überwinden. Das erste war ein theoretisches: Das Verhältnis von Isotopen in den Skeletten wurde nicht nur von der Temperatur des Wassers, sondern auch von der Isotopenzusammensetzung dieses Wassers beeinflußt. Wenn diese Zusammensetzung variierte, war es unmöglich für die Forscher, die Temperaturen genau zu analysieren. Aber Urey und seine Kollegen waren zuversichtlich – zu zuversichtlich, wie die Ereignisse beweisen sollten. Das zweite Hindernis war technischer Natur: Instrumente und Laborverfahren mußten entwickelt werden, die den Forschern extrem genaue Isotopendaten lieferten. Dies war das Problem, dem sich Epstein und seine Mitarbeiter Ralph Buchsbaum und Heinz Lowenstam zuwandten, als Emiliani erschien. Nach mehrjähriger Arbeit gelang es Epsteins Gruppe, ein Laborverfahren für die genaue Messung von Isotopenverhältnissen zu entwickeln. Der Weg war frei für die Untersuchung der Leistungsfähigkeit der Ureyschen Temperaturmethode.

Urey erkannte bald, daß Emilianis Kenntnisse von Fossilien sich bei der Anwendung neuer geochemischer Techniken als nützlich erweisen würden. 1950 fragte er Emiliani, ob er an der Untersuchung der Isotopenzusammensetzung von Foraminifera interessiert wäre. Ohne zu zögern, nahm Emiliani an – hier war eine einmalige Chance, ein neues Fenster zur geologischen Vergangenheit zu öffnen. Die anderen Mitglieder des Teams von Chicago arbeiteten bereits mit dem »Isotop-Thermometer« bei Fossilien aus fernen geologischen Perioden, doch Emiliani beabsichtigte, diese Methode bei Skeletten von Foraminifera aus Pleistozän-Ablagerungen anzuwenden. Seine ersten Messungen wurden an Foraminifera durchgeführt, die am Boden lebten und aus Ablagerungen stammten, die 1951 in Kalifornien gesammelt worden waren. Als ihm aber Hans Pettersson acht Kolbenkerne anbot, die die »Albatros«-Expedition geborgen hatte, entschied Emiliani, daß eine Erforschung von Plankton-Foraminifera noch effektiver sein mußte. Ewing stellte ihm mehrere Kerne von Lamont zur Verfügung; und Ericson, eifrig darauf bedacht, seine eigene Klimamethode zu verifizieren, schickte Proben von vier Kernen nach Chicago, die er bereits analysiert hatte.

Bis August 1955 hatte Emiliani acht Tiefseekerne analysiert. Seine Schlußfolgerungen wurden in einem Artikel mit dem Titel »Pleistocene Temperatures« (Pleistozän-Temperaturen) veröffentlicht, der im »Journal of Geology« (1955) erschien. Der Artikel erwies sich als Markstein in der Erforschung der Eiszeiten. Nach Emiliani zeigten Isotopenvariationen in Kernen aus der Karibik und aus dem äquatorialen Atlantik, daß es in den letzten 300 000 Jahren sieben vollständige Glaziale-Interglaziale-Zyklen gegeben hat. Die Daten schienen auch zu beweisen, daß während einer typischen Eiszeit das Oberflächenwasser in der Karibik um etwa 6 °C kälter wurde (Abb. 33). Schließlich entdeckte Emiliani, daß die Schwankungen in isotopisch geschätzten Temperaturen eine recht genaue zeitliche Übereinstimmung mit den Strahlungskurven von Milankovich aufwiesen, und folgerte daraus, daß seine Beobachtungen die Astronomische Theorie bestätigten.

Mit der Veröffentlichung seines Artikels sah sich Emiliani in drei verschiedene Argumente verwickelt. Das erste hatte er mit Ericson gemeinsam. Reflektierten die Schwankungen in der Isotopenkurve wirklich die Temperaturschwankungen? Oder gaben die Schwankungen in Ericsons *menardii*-Kurve die Klimageschichte genauer wieder? Zweitens: Broecker und Ericson stellten die Genauigkeit von Emilianis Zeitskala in Frage. Das dritte und letzte

Argument stammte von den zahlreichen Geologen, die die Theorie von Milankovich abgelehnt hatten. Sie behaupteten, die beobachtete Korrelation zwischen Emilianis Isotopenkurve und der Strahlungskurve von Milankovich sei lediglich ein Zufall.

In vieler Hinsicht war das erste Argument das entscheidende. Wenn Ericson recht hatte und die Isotopenschwankungen wurden von etwas anderem als den Temperaturveränderungen verursacht, dann verlören die beiden anderen Argumente viel an Gewicht. Um 1964 wurde weitgehend erkannt, von welcher Bedeutung es war, für die Ericson-Emiliani-Kontroverse eine Lösung zu finden. Wallace Broecker von der Columbia-Universität tat sich mit Richard F. Flint und Karl Turekian von Yale zusammen, um die »National Science Foundation« zu überzeugen, daß eine Konferenz über das Problem erforderlich sei. Das Ziel der Konferenz sollte sein, die Streitfrage dadurch zu lösen, daß Ericson und Emiliani ihre Ideen und die entsprechenden Daten vor einer kleinen Gruppe von Spezialisten darlegten. Im Januar 1965 fand eine zweitägige Konferenz im »Americana Hotel« in New York City und am »Lamont Geological Observatory« von Columbia statt.

Unter den Teilnehmern war auch der Verfasser, damals Professor für Geologie an der Columbia-Universität. Länger als ein Jahrzehnt hatte er am Boden lebende Fossilien erforscht, um die Klimate ferner geologischer Perioden bestimmen zu können. Er hatte eine statistische Methode, Faktorenanalyse genannt, adaptiert, die sich als nützlich erwiesen hatte, wenn man herausfinden wollte, wie Meerestiere reagieren, wenn sie einer Vielfalt von Umweltreizen gleichzeitig ausgesetzt werden.

Die lange erwartete Ericson-Emiliani-Debatte von 1965 verlief ergebnislos. Einerseits demonstrierte Ericson, daß sein Zonenschema auf Hunderte von Atlantikkerne zutraf, und er bot den Beweis, daß seine Hauptindikator-Spezies *(menardii)* tatsächlich gegenüber Veränderungen der Meerestemperatur empfindlich war. Er kritisierte auch Emilianis These, nach der Veränderungen in der

Isotopenzusammensetzung des Ozeans während des Pleistozän so gering gewesen seien, daß sie kaum Einfluß auf seine Schätzungen der Paläotemperatur gehabt hätten. Tatsächlich, so Ericson, hätten viele Isotopenchemiker gerade den entgegengesetzten Schluß gezogen – Eisdecken enthielten derart hohe Konzentrationen des leichten Sauerstoffisotops, daß während eines Eiszeitzyklus bedeutende Veränderungen in der Isotopenzusammensetzung eintreten müßten. Es wäre deshalb durchaus möglich, daß die von Emiliani gemessenen Isotopenschwankungen in überhaupt keinem Zusammenhang mit den Meerestemperaturen stünden, sondern nur Veränderungen im Volumen der Eiskappen reflektierten. Emiliani seinerseits kritisierte Ericson, weil er sich hauptsächlich auf nur eine Spezies verließ, und er präsentierte Daten (von Louis Lidz zusammengetragen), die die Sauerstoffisotopen-Ergebnisse bestätigten. Lidz hatte viele verschiedene Foram-Spezies in zwei von Emilianis Kernen untersucht und festgestellt, daß Schwankungen hinsichtlich ihrer Häufigkeit mit Schwankungen in den Isotopenkurven übereinstimmten. Emiliani behauptete auch, die Eiskappen des Pleistozän wären wahrscheinlich nicht so reich an Oxygen-16 gewesen, wie die Geochemiker glaubten, und er wiederholte seine Überzeugung von der Genauigkeit seiner Temperaturschätzungen.

Wenn er auch mehr ein Zuschauer der Debatte als ein aktiver Teilnehmer war, wies der Verfasser darauf hin, Ericson und Emiliani würden beide die Möglichkeit ignorieren, daß noch andere Faktoren als die Temperatur Schwankungen in der Foram-Konzentration verursacht haben könnten. Beispielsweise würden Veränderungen im Salzgehalt des Wassers oder in der verfügbaren Nahrungsmenge sicherlich einen Einfluß auf Foram-Populationen ausüben. Er machte dann den Vorschlag, statistische Techniken auf die gesamte Zusammensetzung von Foram-Spezies anzuwenden und so den Einfluß der Temperatur von anderen Umwelteinflüssen zu trennen. Ehe die Konferenz zu Ende ging, hatte der Verfasser sich entschlossen, diesen Versuch selbst zu unternehmen.

Ericson war bereit, zu helfen und zu beraten, und schlug vor, der Verfasser sollte einen bestimmten Kern im Detail untersuchen. Dieser Kern (bereits von Ericson und Wollin auf *menardii* hin analysiert) war als V12-122 bekannt, weil er von dem Lamont-Forschungsschiff »Vema« auf der zwölften Kreuzfahrt an der 122. Station gewonnen worden war. Der Verfasser fand einen fähigen Mitarbeiter in Nilva Kipp, einem Studenten an der »Columbia School of General Studies«, der eine eindrucksvolle Semesterarbeit über die Ericson-Emiliani-Kontroverse geschrieben hatte. In den nächsten drei Jahren – an der Columbia- und dann an der Brown-Universität – entwickelten der Verfasser und Kipp eine Vielfaktor-Methode für Klimaanalyse, die Häufigkeitsvariationen in allen 25 Spezies von Plankton-Forams berücksichtigte. In vieler Hinsicht war ihr Verfahren eine computerisierte Extension der von Wolfgang Schott im Jahr 1935 angewandten Technik. Schotts erster Schritt bestand damals darin, die derzeitige Verteilung aller Foram-Spezies auf einer Reihe von Karten darzustellen. Der Verfasser und Kipp folgten diesem Verfahren und gingen dann daran, Gleichungen zu entwickeln, um die Beziehungen zwischen den Spezieshäufigkeiten auf dem Meeresboden und verschiedenen Eigenschaften der Oberflächenwasser auszudrücken. Diese Eigenschaften schlossen Sommer- und Wintertemperaturen sowie Salzgehalt ein. Bei der Arbeit abwärts durch den Kern wurden die Gleichungen – entwickelt für den derzeitigen Meeresboden – zur Schätzung der Sommer- und Wintertemperatur sowie des Salzgehalts vergangener Epochen herangezogen.

Bis zum Sommer 1969 waren der Verfasser und Kipp sicher, daß ihre Vielfaktor-Methode verläßliche Ergebnisse hervorbrachte. In der Zwischenzeit hatten Broecker und Jan van Donk eine Isotopenanalyse desselben Kerns (V12-122) ausgeführt und machten es damit möglich, die Ergebnisse aller bisher entwickelten Methoden zu vergleichen. Dieser Vergleich überzeugte den Verfasser und Kipp: Ericson hatte unrecht, und Emiliani hatte nur zur Hälfte recht. Denn wo Ericson kalte Zonen auswies, zeigten sowohl die Isotopen- als auch die Vielfaktor-Methode warme Zeitspannen an. Anscheinend zwang ein anderer Umweltfaktor als die Temperatur des Oberflächenwassers (allerdings häufig damit korreliert) die *globorotalia menardii,* im tiefen Wasser des Atlantischen Ozeans zyklisch zu erscheinen und zu verschwinden.

In einem grundlegenden Punkt jedoch deckten sich die Ergebnisse der Vielfaktor-Methode nicht mit denen von Emiliani. Des Verfassers und Kipps Forschung ergab ein Absinken der Temperatur des karibischen Oberflächenwassers um nur 2 °C, wenn eine Eiszeit eintrat – und nicht um die von Emiliani errechneten 6 °C. Die Vielfaktor-Methode zeigte, daß Veränderungen im Salzgehalt des Oberflächenwassers in der Karibik zusammen mit Temperaturveränderungen die Foram-Population in dem Gebiet beeinträchtigt hatten. Indem er alle Variationen der Fauna nach Lidz der Temperatur zuschrieb und andere Einflüsse ignorierte, hatte Emiliani die Größenordnung der Temperaturveränderung überschätzt. Wenn der Verfasser und Kipp mit ihrer Schätzung eines Temperaturabfalls um 2 °C in der Karibik während der Eiszeiten recht hatten, konnte ein wichtiger Schluß gezogen werden: Ein großer Teil der Isotopenschwankungen mußte auf Veränderungen im Volumen der Eisdecken zurückzuführen sein – nicht auf Temperaturveränderungen.

Eifrig darauf bedacht, ihre Ergebnisse bekanntzumachen, war der Verfasser hoch erfreut, als Emiliani ihn einlud, auf einer internationalen wissenschaftlichen Tagung zu sprechen, die im September 1969 in Paris stattfinden sollte. Er kam jedoch zu spät, und seine Vorlesung mußte neu festgelegt werden – auf vier Uhr am Freitag. In Paris gibt es an einem warmen Septembernachmittag Zerstreuungen, die attraktiv genug sind, um sogar den pflichtbewußtesten Wissenschaftler von einem Vortragssaal fernzuhalten. Als der Verfasser schließlich sprach, tat er es für eine Zuhörerschaft von zwei Personen. Die Hälfte verstand kein Englisch. Die andere

Hälfte war Nicholas Shackleton – ein junger britischer Geophysiker, der, was dem Verfasser unbekannt war, bereits Daten veröffentlicht hatte, wonach ein großer Teil der beobachteten Isotopenvariation Veränderungen im Volumen von globalem Eis reflektierte.

Als sie sich nach dem Vortrag trafen, waren der Verfasser und Shackleton erfreut, festzustellen, daß ihre unabhängige Erforschung der Klimageschichte zur selben vorläufigen Schlußfolgerung geführt hatte. Obwohl ihnen klar war, sie müßten noch viele andere Kerne analysieren, ehe sie sicher sein konnten, schienen die verfügbaren Daten dennoch aufzuzeigen, daß Schwankungen in Emilianis Isotopenkurve in erster Linie Variationen im Gesamtvolumen der Eisdecken wiedergaben.

Für einige Wissenschaftler, vielleicht sogar für Emiliani selbst, mochte ein solches Ergebnis eine Enttäuschung sein. Die Hoffnungen waren hoch gesteckt gewesen, daß Ureys geochemische Methode ein Verfahren zur Schätzung der Temperatur pleistozäner Ozeane liefern würde. Den beiden Männern in Paris schien es aber, als würde die Bedeutung der Isotopenkurve wesentlich untermauert, wenn ihre Rolle als Mittel zur Messung des globalen Eisvolumens fest etabliert werden könnte. Immerhin, was könnte nützlicher sein bei der Analyse der Pleistozän-Geschichte, als zu wissen, wie die Größe der Eisdecken sich mit der Zeit veränderte? Mit der Isotopentechnik zur Aufzeichnung des Eisvolumens und dem Vielfaktor-Verfahren zur Wiedergabe der Temperatur des Ozeans könnte ein Weg gefunden werden, einige konkurrierende Theorien über die Pleistozän-Eiszeiten zu testen.

12
Das Wiederaufleben der Milankovich-Theorie

Bis 1969 hielt die Mehrheit der Wissenschaftler den Radiokarbon-Beweis der Theorie von Milankovich für überlegen genug, um dessen Idee als ernsthaften Mitbewerber um den »Großen Preis der Eiszeit« auszuschalten. Nur noch eine Minderheit setzte die Suche nach Methoden zur Nachprüfung ihrer Gültigkeit fort.

Zu dieser Minderheit gehörte Rhodes W. Fairbridge, ein Geologe, der eine eingehende Untersuchung von ehemaligen Meereshöhen durchgeführt hatte. Fairbridge war besonders beeindruckt von Beweisen, die er entlang der Südküste Australiens gefunden hatte, wo 19 parallel verlaufende Sandrücken die Position früherer Küstenlinien markierten und dabei auf Zeiten hinwiesen, in denen der Meeresspiegel höher lag als heute. Wenn es auch nicht möglich war, herauszubekommen, wie alt diese verlassenen Küstenlinien waren, so deutete doch die Tatsache, daß sie in gleichmäßigem Abstand verliefen, stark darauf hin, daß das Auf und Ab des Meeresspiegels in einem regelmäßigen Rhythmus erfolgte. Da er wußte, daß die Schwingungen des Meeresspiegels von dem Schmelzen und Anwachsen von Eisdecken verursacht wurden, folgerte Fairbridge, daß sich die Eiszeiten selbst in regelmäßigen Intervallen wiederholt haben mußten. Für Fairbridge verliehen diese Fakten und Folgerungen der Astronomischen Theorie starken Rückhalt: »Der von Milankovich vorgeschlagene Mechanismus kam mir vernünftig vor«, erklärte er später, »und die astronomischen Zyklen, die die Grundlage seiner Theorie bildeten, waren in etwa von einer Dauer, die es erlaubte, die Sandrücken entlang der Küste Australiens zu erklären.«

Obwohl dieses Argument einleuchtete, waren Fairbridges Kritiker schnell bei der Hand, hinzuweisen, das alles sei rein qualitativ, und es gäbe keine Möglichkeit, die Dauer seines Meeresspiegelzyklus zu berechnen. Korrespondierte er mit dem 41 000-Jahr-Zyklus der Achsenneigung, mit dem 22 000-Jahr-Zyklus der Präzession oder mit einer ganz anderen Periodizität? Wenn ein Weg gefunden werden könnte, die Zeiten hoher Meeresspiegel zu datieren, dann wäre es möglich, diese Information zur Nachprüfung der Milankovich-Theorie heranzuziehen. Leider waren alle von Fairbridge untersuchten Küstenmerkmale älter als 40 000 Jahre und lagen deshalb weit jenseits des Wirkungsbereichs der Radiokarbon-Datierungstechnik.

Es war jedoch schon eine zweite Datierungstechnik im Kommen. Geochemiker arbeiteten bereits in mehreren Laboratorien an der Entwicklung von Datierungsverfahren, die nicht auf Radiokarbon, sondern auf radioaktiven Isotopen von Uran, Thorium und Kalium basierten. Schließlich wurden zehn unterschiedliche Techniken entwickelt, deren Genauigkeit jeweils vom Alter und der Art des zu datierenden Materials abhing. Die Kalium-Argon-Methode lieferte beispielsweise genaue Ergebnisse bei Vulkangestein fast jeden Alters; doch eine andere Methode, auf der radioaktiven Substanz Protaktinium basierend, brachte nur ungefähre Ergebnisse und konnte nur bei Tiefseeschlamm angewandt werden, der jünger als etwa 150 000 Jahre war.

Im Jahr 1956 hatten John W. Barnes und seine Kollegen am Scientific Laboratory in Los Alamos eine Datierungsmethode mit Thorium entwickelt, die genaue Daten über alte Korallenriffe lieferte, wenn diese nicht älter als etwa 150 000 Jahre waren. Diese Methode besaß deshalb das größte Potential für die Bestimmung der Chronologie alter Meeresspiegel, und gerade sie sollte auch bald die erste kritische Nachprüfung der Milankovich-Theorie ermöglichen.

Einer der Anhänger der neuen Datierungsmethode war Wallace S. Broecker. Seit seiner Ankunft an der Columbia-Universität als Graduierter im Jahr 1952 hatte Broecker sich der Verbesserung des geologischen Kalenders gewidmet. In Geochemie geschult, hatte sich seine erste Arbeit mit der Anwendung der Radiokarbon-Methode auf die Datierung später Pleistozän-Ereignisse beschäftigt. Seine Forschung hatte geholfen, die Geologen davon zu überzeugen, daß es etwa vor 11 000 Jahren einen kurzen Zeitraum mit einer rapiden Klimaveränderung gegeben hatte. Diese Veränderung ließ den Pegel der Seen in den trockenen Regionen des Südwestens fallen, die Eisdecken zurückweichen und den Meeresspiegel ansteigen. Anfang der 1960er Jahre verbesserten Broecker und seine Schüler die Thorium-Methode und benutzten sie bei der Datierung von Meereshöhen, die so alt waren, daß sie weit jenseits des Bereichs der Radiokarbon-Methode lagen.

Im August 1965 gab Broecker in einem Vortrag auf einem internationalen wissenschaftlichen Kongreß in Boulder, Colorado, einen Überblick über den Informationsstand in Sachen Meereshöhengeschichte. Es müßte nunmehr möglich sein, meinte er, in einer bisher recht flexiblen geologischen Zeitskala einige wirklich feste Punkte zu etablieren. Man könne bereits über bedeutsame Ergebnisse berichten, da er und sein Schüler David Thurber alte fossile Riffe im Eniwetok-Atoll, in Florida Keys und auf den Bahama-Inseln datiert hätten. Die Ergebnisse wiesen aus, daß vor etwa 120 000 Jahren das Meer etwa sechs Meter höher stand als heute. Eine Probe schien auf einen weiteren Hochstand des Meeres hinzuweisen, der vor etwa 80 000 Jahren eintrat. Um wieviel höher genau, das war allerdings unbekannt. Broecker zeichnete ein Diagramm, in dem die drei bekannten Daten für hohe Meeresspiegel – heute, vor 80 000 Jahren und vor 120 000 Jahren – ziemlich genau mit drei der vier Maxima auf der Strahlungskurve von Milankovich für 65 Grad Nord übereinstimmten. Wenn er auch zugab, seine Analyse sei nur vorläufig, drückte Broecker seine Überzeugung aus, definitive Informationen würden in den nächsten Jahren zur Verfügung stehen.

Im Frühjahr desselben Jahres, in dem Broecker seinen Vortrag hielt, bestieg Professor Robley K. Matthews von der Brown-Universität ein Flugzeug in Richtung auf die winzige Karibikinsel Grenada. Seine Mitreisenden hatten einen schönen Ferientag vor sich, doch für Matthews war es eine reine Arbeitsreise. Als Spezialist für Kalkstein war er besonders interessiert an den Prozessen, durch die diese Felsen so porös werden, daß sie als Reservoir für Öl dienen können. Nachdem er gehört hatte, der Kalkstein auf Grenada sei wissenschaftlich sehr ergiebig, war Matthews zur Untersuchung entschlossen.

Die erste Nacht auf seiner Reise verbrachte Matthews auf der Insel Barbados und war erfreut, daß Kalkstein hier weitgehend exponiert war. Sein erster Blick auf Grenada zeigte ihm aber, daß er falsch informiert worden war. Die Insel war eine Anhäufung von Vulkangestein, fast völlig ohne Kalkstein. Nach der Landung buchte Matthews umgehend einen Platz in der nächsten Maschine, die zurückflog.

Zurück auf Barbados, entdeckte Matthews, daß ein großer Teil der Insel terrassenförmig aufgebaut war und sie aus der Luft einer riesigen Treppe glich. Obwohl Kalkstein auf den flachen »Tritten« dieser Terrassen kaum exponiert war, war er in den »Steigungen« sehr gut sichtbar. Matthews kehrte zur Brown-Universität zurück, zufrieden, daß er einen passenden Ort für seine Feldstudien gefunden hatte.

Er stieß bald auf die beträchtliche Kontroverse darüber, wie die Barbados-Terrassen sich gebildet hatten. Nach der einen Theorie hob sich die Insel periodisch aus dem Meer. Jedesmal wenn sich die Insel hob, wurde ein Riff vernichtet, und ein anderes entwickelte sich entlang der neuen Küstenlinie an einer niedrigeren Stelle auf der Insel. Jede Terrasse repräsentierte demnach eine getrennte Episode im Riffwachstum bei einer bestimmten Meereshöhe. Eine andere Theorie behauptete, die Terrassen seien durch die Einwirkung von Wellen aus einem einzigen großen fossilen Riff herausgewaschen worden. Während die Insel sich hob, so diese Theorie, schuf die Erosion auf jeder folgenden Erhöhung eine neue Terrasse.

Matthews beschloß, herauszufinden, ob die Barbados-Terrassen durch Wachstum oder Erosion entstanden. Später im Sommer kehrte er mit Kenneth Mesolella zur Insel zurück. Entlang jeder Terrasse fanden sie den Querschnitt eines alten Korallenriffs. An manchen Stellen standen noch immer baumähnliche Kolonien der Koralle *acropora palmata* in den Positionen, die sie zu Lebzeiten eingenommen hatten. Nur wenige Meter von der Küste entfernt, waren lebende Individuen derselben Spezies dabei, Flachwasserriffe ähnlich den fossilierten zu bauen. Bis zum Ende des Sommers hatte Mesolella alle zutage liegenden Kalksteine auf der Insel untersucht, und er wie Matthews waren überzeugt, daß reines Wachstum die Barbados-Terrassen geformt hatte – und daß jede Terrasse Riffwachstum auf einem früheren Pegel des Meeres bedeutete. Zur Vereinfachung der Diskussion numerierten sie die Terrassen in der Reihenfolge des Anstiegs, beginnend bei Terrasse I.

Ein anderer Professor der Brown-Universität, Thomas A. Mutch, schlug vor, die Riffolge könnte bei der Erforschung der Geschichte der Meereshöhe nützlich sein. Obwohl er kaum eine Möglichkeit sah, dieses Ziel bei einer Insel mit einer Geschichte von senkrechten Bewegungen zu erreichen, überredete Matthews doch Broecker, einige Terrassenproben zu datieren.

Welche Riffe sollten zuerst datiert werden? Matthews entschloß sich, Proben vom ersten und dritten Riff zu nehmen, und zwar von Terrassen I und III. Broecker, John Goddard sowie die Graduierten Thurber und Teh-Lung machten sich an die Arbeit. Bis zum Sommer waren die ersten Labormessungen abgeschlossen. Die beiden Riffe waren 80 000 und 125 000 Jahre alt. Broecker war mit diesem Ergebnis zufrieden, weil es mit den von den Bahamas und Florida stammenden Riffdaten übereinstimmte – und weil diese Daten sich ziemlich genau mit den beiden einzigen Daten deckten, die Milankovich für Strahlungsmaxima in diesem Teil der Zeitskala berechnet hatte.

Broecker wurde aber aus seiner Selbstzufriedenheit gerüttelt, als die Brown-Gruppe ihn darüber informierte, es gäbe noch eine Terrasse zwischen den beiden von ihm datierten. Proben aus dieser »Terrasse in der Mitte« wurden ihm zugesandt, und sie ergaben ein Alter von 105 000 Jahren.

Da die Strahlungskurve für 65 Grad Nord bei 105 000 Jahren kein Maximum auswies, begann Broecker andere Strahlungskurven von Milankovich zu untersuchen. Bald machte er die bedeutsame Entdeckung, daß die Kurven für niedrigere Breitengrade (besonders 45 Grad Nord) deutliche Spitzen in der Nähe aller drei Daten für die Barbados-Terrassen enthielten: vor 82 000, 105 000 und 125 000 Jahren. Vorher hatten die Befürworter der Milankovich-Theorie ihre Aufmerksamkeit auf die Kurve für 65 Grad Nord konzentriert – eine Kurve, die so stark von Variationen in der Achsenneigung der Erde geprägt ist, daß ihre Spitzen einen Abstand von ungefähr 40 000 Jahren haben. Auf niedrigeren Breitengraden zeigt der 22 000-Jahr-Zyklus der Präzession aber eine ausreichend starke Wirkung, um die Wirkung von Variationen in der Neigung deutlich zu dämpfen. So schien die beobachtete Folge von Terrassendaten auf Barbados für die Forscher zu bedeuten, daß der Präzessionszyklus wichtiger sei, als Milankovich geglaubt hatte.

Diese Entdeckung, 1968 veröffentlicht und innerhalb weniger Jahre durch unabhängige Forschungen auf Neuguinea und Hawaii bestätigt (Abb. 34), führte zu einem allgemeinen Wiederaufleben des Interesses an der Milankovich-Theorie. Denn Broecker, Matthews und Mesolella hatten gezeigt, daß die Astronomische Theorie – falls sie modifiziert würde, um dem Präzessionseffekt mehr Gewicht beizumessen – die Zeiten hoher Meeresspiegel erklären konnte, die vor 82 000, 105 000 und 125 000 Jahren eingetreten waren (Abb. 35).

Dieses Wiederaufleben des Interesses führte aber nicht automatisch zu einer sicheren Überzeugung. Wie Broecker und Matthews auch gleich hervorhoben, konnte die von ihnen entdeckte Übereinstimmung zwischen den drei Terrassendaten und den drei Strah-

Abb. 34 Riffterrassen auf Neuguinea. Diese Ansicht entlang der Nordküste der Huon-Halbinsel zeigt angehobene Terrassen, die von Korallenriffen des Pleistozän geformt wurden. Ähnliche Terrassen wurden zuerst auf der Karibik-Insel Barbados datiert (mit freundlicher Genehmigung von A. Bloom).

lungsdaten ein reiner Zufall sein. Vielleicht existierte gar kein kausaler Zusammenhang. Um zwingende Beweisgründe anzuführen, brauchten sie eine derart lange Kette von Übereinstimmungen, daß der Zufall praktisch ausgeschlossen war. Um die Astronomische Theorie auf diese Weise zu testen, brauchten die Geologen einen geologischen Kalender für Pleistozän-Ereignisse, der viel länger war als jener, den die Thorium-Daten von alten Korallenriffen lieferten.

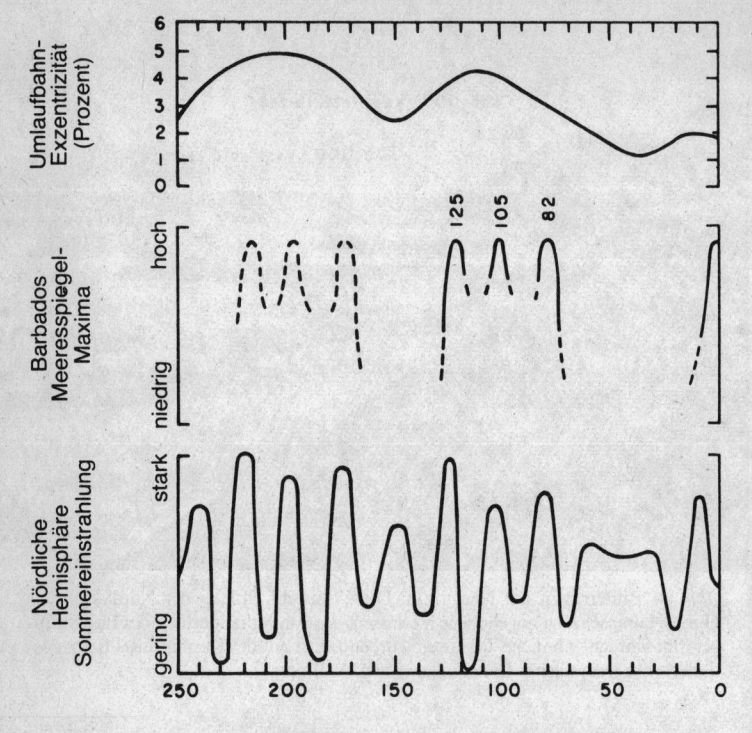

Abb. 35 Astronomische Theorie der Barbados Meereshöhen. Genau datierte Episoden hoher Meeresspiegel sind im mittleren Diagramm als durchgehende Linie gezeigt. Episoden ungewissen Alters sind gestrichelt dargestellt. Bekannte Zeiten hoher Meeresspiegel korrespondieren mit Zeitspannen intensiver Sommereinstrahlung und starker Exzentrizität der Umlaufbahn (nach Mesolella et al., 1969).

13
Signal von der Erde

Der Schlüssel, der schließlich die Chronologie des Pleistozän öffnen sollte, war 1906 in einer französischen Ziegelei gefunden worden, und zwar von Bernard Brunhes, einem Geophysiker, der das Magnetfeld der Erde erforschte. Brunhes entdeckte, daß beim Abkühlen frisch gebrannter Ziegel eisenhaltige Mineralteilchen sich parallel zur Richtung des Magnetfeldes der Erde ausrichten und der Ziegelstein so schnell magnetisch wird. Was nun Brunhes für die Geologie so bedeutsam machte, war seine weitere Entdeckung, nach der abkühlende Lavaströme sich wie Ziegel verhalten, indem sie eine Magnetisierung parallel zum Erdfeld annehmen. Brunhes folgerte daraus, alte Lavaströme müßten Information über die Geschichte des Erdmagnetismus enthalten.

Gefesselt von diesem Gedanken, maß Brunhes die Magnetisierungsrichtung in mehreren alten Lavaströmen und war überrascht, daß einige Ströme in einer Richtung magnetisiert waren, die dem heutigen Magnetfeld genau entgegengesetzt ist. Zu bestimmten Zeiten der Vergangenheit, folgerte er, muß das Magnetfeld der Erde umgekehrt gelagert gewesen sein. Wenn dem so war, würde ein Beobachter – zurückversetzt in eine Epoche umgekehrter Polarität – erleben, wie das den Norden suchende Ende einer Kompaßnadel herumschwingen würde, um genau nach Süden zu zeigen. Diese Vorstellung erschien so unwahrscheinlich, daß nur wenige von Brunhes' Zeitgenossen sie anerkannten.

Über 20 Jahre später fand jedoch ein japanischer Geophysiker Beweise dafür, daß Brunhes recht gehabt hatte. Nachdem er eine Reihe von Lavaströmen in Japan und Korea untersucht hatte, kam Motonori Matuyama zu dem Schluß, daß das Magnetfeld der Erde sich mindestens einmal in der Pleistozän-Epoche umgekehrt habe. Darüber hinaus überzeugten ihn weitere Untersuchungen davon, daß Feldumkehrungen viele Male in geologischen Epochen vorgekommen waren, die viel älter als das Pleistozän waren. Wenn sich das als richtig herausstellte, mußte Matuyamas These von den mehrfachen Feldumkehrungen beträchtliche Auswirkungen auf die historische Geologie haben. Denn diese Ereignisse, gleichzeitig in Lavaströmen auf allen Kontinenten aufgezeigt, würden das liefern, was die Geologen seit langem gebraucht hatten - eine Methode zur präzisen Korrelation zwischen weit auseinanderliegenden Ablagerungen.

Wenn aber *eine* Umkehrung unwahrscheinlich gewesen war, so erschienen mehrfache Umkehrungen phantastisch. Matuyamas Arbeit wurde mit großer Skepsis betrachtet. Es dauerte nicht lange, bis Geologen einen weniger dramatischen Weg zur Erklärung der Fakten fanden. Untersuchungen zeigten, daß in einem Labor bestimmte Mineralien bei der Abkühlung unter bestimmten Bedingungen eine umgekehrte Polarität annahmen. Wenn dieser besondere Mechanismus der Selbstumkehr im Labor funktionierte, hätte er auch in alten Lavaströmen funktioniert haben können. So hielten fast alle Wissenschaftler, die das Problem der magnetischen Umkehr behandelten, die Selbstumkehrungen für wahrscheinlicher als den revolutionären Gedanken, das Erdfeld hätte sich periodisch selbst umgekehrt – trotz der Tatsache, daß Mineralien mit der Fähigkeit zur Selbstumkehrung in der Lava selten sind.

Ausgangs der 1950er und anfangs der 1960er Jahre fanden Geophysiker in Rußland (A. N. Khramov), Island (Martin G. Rutten) und Hawaii (Ian McDougall und Donald H. Tarling) Beweise dafür, daß Brunhes und Matuyama schließlich doch recht gehabt hatten – daß die Natur ihnen eine bequeme, weltweite Korrelationstechnik zur Verfügung gestellt hatte. Die endgültige Bestätigung der Feldumkehr-Hypothese wurde 1963 von Allan Cox und Richard R. Doell vom »Geological Survey« der Vereinigten Staaten und von G. Brent Dalrymple von der University of California in Berkeley geliefert. Um das Andenken an ihre bahnbrechenden

Kollegen zu ehren, kamen diese drei überein, die letzte Pleistozän-Epoche »normaler« Polarität »Brunhes-Epoche« und die vorausgegangene Epoche umgekehrter Polarität »Matuyama-Epoche« zu nennen.

Cox und seine Kollegen bewiesen die Richtigkeit der Feldumkehr-Theorie, indem sie aufzeigten, daß jede Umkehr global ein zeitlich zusammenfallendes Ereignis gewesen war. Sie behaupteten, es wäre unvernünftig, anzunehmen, alle alten Lavaströme auf der ganzen Welt hätten gleichzeitig eine Selbstumkehr durchgemacht. Um die Gleichzeitigkeit zu demonstrieren, datierten sie Lavaströme, die kurz über und auch unter einer großen Anzahl von Umkehrungen eingetreten waren. Diese Datierungsbemühungen, ausgeführt von einer Forschergruppe an der Universität von Kalifornien unter der Leitung von Garniss H. Curtis und Jack F. Evernden, basierten auf der Kalium-Argon-Methode – einer Technik, die besonders gut bei Lavaströmen funktionierte. Die Ergebnisse stellten nicht nur die Gleichzeitigkeit der magnetischen Umkehr fest, sondern konzentrierten auch die Aufmerksamkeit auf die Umkehrdaten selbst. Diese Daten erwiesen sich als die langerwarteten Festpunkte, um die herum eine sichere Pleistozän-Chronologie konstruiert werden konnte.

Es dauerte nicht lange, bis die Geologen es für notwendig erachteten, eine graphische Darstellung des Magnetfelds der Erde einzuführen (Abb. 36). Zeitspannen einer Polarität wie der heute und während der Brunhes-Epoche beobachteten wurden »normal« genannt und als schwarzer Balken dargestellt. Zeiträume umgekehrter Polarität wie die Matuyama-Epoche wurden als weißer Balken markiert. Bald wurden innerhalb der umgekehrten Epoche des Matuyama zwei kurze »normale Ereignisse« entdeckt. Das ältere der beiden, das Oldoway-Normalereignis, wurde nach dem Tal in Afrika benannt, wo der Beweis zuerst entdeckt wurde. Das jüngere erhielt die Bezeichnung Jaramillo-Normalereignis – nach dem kleinen Fluß in Neumexiko. Auf einem Diagramm erschienen die wechselnden Magnetfelder der Erde als eine Reihe von schwarzen und weißen Balken – ähnlich einer Mitteilung im Morsecode. Zwei Punkte des Signals waren von entscheidender Bedeutung für Geologen, die versuchten, das Geheimnis der Pleistozän-Eiszeiten zu enträtseln. Einer dieser Punkte war die Brunhes-Matuyama-Grenze, die auf 700 000 Jahre zurückdatiert war; der andere war das Oldoway-Normalereignis, zurückdatiert auf 1,8 Millionen Jahre.

Würde dieses Signal aber in Tiefseekernen markiert sein? Schon 1956 versuchten Maurice Ewing und Manik Talwani das herauszufinden. Talwani nahm zwei Lamont-Kerne mit zum Carnegie-Institut in Washington, D. C., wo John Graham ihre magnetischen Eigenschaften maß. »Wir fanden wirklich mehrere Umkehrungen«, erklärte Talwani später, »die Ergebnisse waren aber unklar.« Ein Problem bestand darin, daß die Kerne noch sehr weich und schwierig zu handhaben waren. Nachdem er mehrere weitere Versuche unternommen hatte, gab Talwani seine Bemühungen auf.

Zehn Jahre später fanden zwei am Scripps-Institut arbeitende Geologen, Christopher G. A. Harrison und Brian M. Funnel, einen Nachweis der Brunhes-Matuyama-Grenze in zwei Kernen aus dem Pazifik. Obwohl die Forscher von Lamont von diesem Beweis nicht überzeugt waren, bemühten sie sich trotzdem noch einmal, das paläomagnetische Signal zu lesen. Sie hatten allen Grund zu hoffen, daß Harrison und Funnel recht hatten. Die Lamont-Sammlung enthielt nämlich über 3000 lange Kerne aus allen Ozeanen der Welt – und eingeschlossen in jedem einzelnen war eine Fülle von Klimainformationen, die in den chronologischen Rahmen eingeordnet werden wollten, den der Kalender der magnetischen Umkehrungen zur Verfügung stellte.

Glücklicherweise gehörte jetzt zum Stab von Lamont ein Spezialist für Gesteinsmagnetismus, Neil D. Opdyke. Da Opdyke vorher hauptsächlich mit Gestein gearbeitet hatte, forderte er John Foster auf, ihm bei der Entwicklung eines Instruments für die Analyse weicher Sedimente zu helfen. Später wurde ein weiterer Forscher,

Billy Glass, zum dritten Mitglied des Teams und brachte seine Spezialkenntnis von Meeressedimenten in die Gruppe ein. Das Trio beschloß, Kerne aus hohen Breitengraden zu untersuchen, wo die Neigung des Magnetfeldes steiler und die Umkehrungen leichter zu entdecken sein würden. Da ihnen klar war, daß Erosion auf dem Meeresboden Teile des Sedimentnachweises entfernt haben könnte, entschlossen sie sich, nur jene Kerne zu analysieren, die bereits von einem Paläontologen untersucht worden waren.

Die Gruppe bat James D. Hays von Lamont, dessen Spezialgebiet antarktische Radiolarien (winzige, an der Oberfläche lebende Strahlentierchen) waren, Kerne für die Magnetanalyse auszuwählen, die lang genug waren, die Brunhes-Matuyama-Grenze zu durchdringen. Seit seiner Zeit als Student an der Ohio State University war Hays von der Antarktis gefesselt gewesen. Eigentlich war er zunächst von Lamont wegen der Kernsammlung angetan, die es ihm ermöglichen sollte, die Geschichte des Antarktischen Ozeans zu studieren. Sein erster Schritt in diese Richtung war die Entwicklung einer genauen Sequenz von Radiolarien-Zonen. Mit diesem Background war es für Hays eine leichte Aufgabe, Kerne für die paläomagnetische Analyse auszuwählen. Seine eigenen Radiolarien-Zonen würden eine zusätzliche Prüfung der paläomagnetischen Korrelation liefern.

Als die Proben analysiert worden waren, freuten sich die vier Forscher darüber, daß das Magnetsignal deutlich allen Kernen aufgedrückt war. Darüber hinaus bestätigten die von den Umkehrgrenzen gelieferten Korrelationen die früher bereits von Hays' Radiolarien-Zonen abgeleiteten. Mit dieser entscheidenden Bestätigung der Feststellungen von Harrison und Funnel begann die »paläomagnetische Revolution«. Zum erstenmal war es möglich, klimatische Ereignisse in allen Kernen zu datieren, die das paläomagnetische Signal wiedergaben. Nun wurde der Wert der Kernsammlung von Lamont offensichtlich. Ohne auf neugewonnene Kerne zu warten, sollten Opdyke, Hays, Ericson und ihre Kollegen

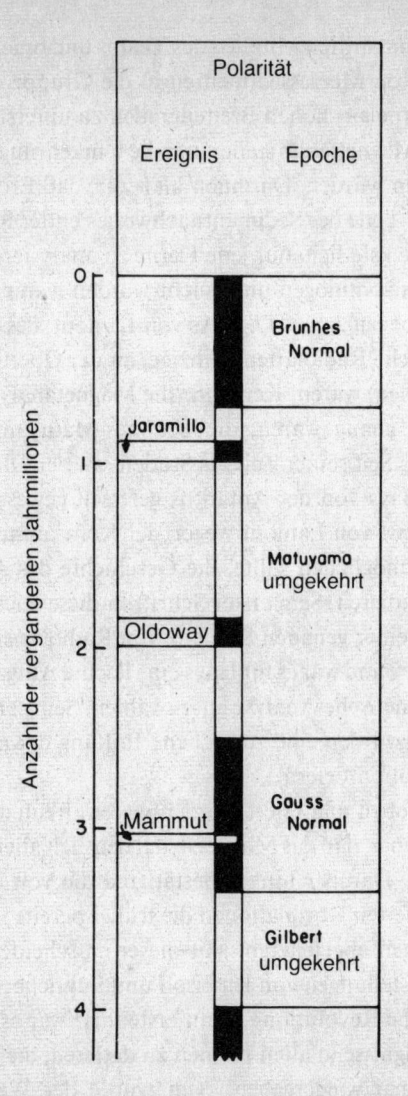

Abb. 36 Magnetische Geschichte der Erde. *Epochen* und *Ereignisse* normaler Polarität sind als schwarze Balken gezeigt. *Epochen* und *Ereignisse* umgekehrter Polarität sind als weiße Balken dargestellt.

zwischen 1966 und 1969 eine allgemeine geologische »Erzählung« in eine genau datierte Geschichte des Klimas umwandeln.

Das erste Problem war die Dauer der Pleistozän-Epoche. Dem Hinweis von Penck und Brückner folgend, hatte Milankovich angenommen, das Pleistozän habe 650 000 Jahre gedauert, und er beschränkte seine frühen Berechnungen auf diesen Zeitraum. Erst nach seinem Tod hatten Ericson und seine Kollegen vom Lamont-Institut das Pleistozän auf ungefähr 1,5 Millionen Jahre geschätzt. Es war klar: Ehe eine zufriedenstellende Nachprüfung der Milankovich-Theorie durchgeführt werden konnte, mußten die Geologen den Beginn der Pleistozän-Epoche datieren.

Tatsächlich gab es ein zweifaches Problem: Welches Ereignis definierte den Beginn des Pleistozän, und wann trat das Ereignis ein? Im vorangegangenen Jahrhundert hatte die erste Frage mehrere Antworten ergeben, beginnend mit Charles Lyells Behauptung im Jahr 1839, wonach jede Ablagerung dem Pleistozän zugeschrieben werden könne, falls 90 bis 95 Prozent der darin enthaltenen fossilen Spezies heute noch leben würden. Keine Erwähnung einer Eiszeit oder kalter Klimate. Danach hatte Edward Forbes als Ersatz eine klimatische Definition angeboten: Eine pleistozäne Ablagerung ist eine Ablagerung, die Beweise für ein kaltes Klima enthält. Aber *wie* kalt?

Im Jahr 1948 hatte eine internationale Kommission sich auf eine unzweideutige – wenn auch etwas willkürliche – Definition des Pleistozän festgelegt. Der Beginn der Epoche, sagten sie, wäre durch das erste Auftauchen von Kaltwasserspezies in wohlexponierten Sedimentfolgen in Süditalien markiert. Die praktischen Probleme bei der Verwendung dieser Definition waren jedoch groß. Wie konnte beispielsweise ein Wissenschaftler bei der Untersuchung eines Kerns aus dem Pazifik bestimmen, welche Ebene in diesem Kern mit dem entsprechenden Ereignis in Italien übereinstimmte?

Das Problem der Korrelation und Datierung der Basis des Pleistozän wurde durch Anwendung der paläomagnetischen Methode gelöst. William A. Berggren vom Woods Hole Ozeanographischen Institut und James D. Hays zeigten, daß das erste Auftauchen von Kaltwasserspezies in Süditalien mit dem Oldoway-Normalereignis übereinstimmte. Nach einem Jahrhundert des Streits konnten die Geologen endlich feststellen, daß die Pleistozän-Epoche vor 1,8 Millionen Jahren begonnen hatte. Nunmehr konnten sie magnetische Umkehrungen innerhalb des Pleistozän – besonders die Umkehrgrenze, die die Basis der Brunhes-Epoche vor 750 000 Jahren markiert – benützen, um einen Kalender zu entwickeln, der jenen Teil der Pleistozän-Geschichte abdeckt, für den Milankovich seine Theorie aufgestellt hatte.

14
Pulsschlag des Klimas

Zur gleichen Zeit, als Broecker und Matthews die Geschichte der Meereshöhe erforschten und Hays und Opdyke die paläomagnetische Zeitskala entwickelten, war der Geologe George Kukla in der Tschechoslowakei dabei, in einem Steinbruch nahe der Stadt Brünn eine Grube auszuheben. Der Steinbruch war auf dem Roten Hügel gelegen, wo Ablagerungen von Löß weitgehend zur Produktion von Ziegelsteinen benutzt wurden. Indem er die Wände dieser Ausschachtung untersuchte, konnte Kukla die geschichtliche Aufeinanderfolge von Lößablagerungen sowie die dazwischenliegenden Erdschichten studieren.

Kuklas Interesse am Löß war eine Nebenerscheinung seiner Faszination durch tschechische Höhlen. In vielen dieser Höhlen hatte man entdeckt, daß die dünnen Schichten von Löß, hereingeweht in den Eiszeiten des Pleistozän, Knochen des Neandertalers und anderer Steinzeitmenschen enthielten. Durch das Aufspüren dieser Lößschichten außerhalb der Höhlen und ihre Korrelation mit den mächtigeren Schichten, die die Hänge nahe gelegener Hügel bedecken, konnten Archäologen die menschlichen Erzeugnisse in eine geschichtliche Folge einordnen.

Die Eisdecken des Pleistozän, die sich von Zentren in Skandinavien und den Alpen ausdehnten, erreichten nie die Region des Roten Hügels, und doch änderte sich das Klima dort drastisch. Schon 1961 hatten George Kukla und sein Kollege Vojen Ložek erklärt, warum die nichtvergletscherten Gebiete der Tschechoslowakei und Österreichs ideal gelegen wären, um die Schwankungen des Pleistozän-Klimas aufzuzeigen. Als die Eisdecken riesige Ausmaße angenommen hatten, war Zentraleuropa eine Polarwüste – trocken und baumlos. Rauhe Winde lagerten Schichten von Löß ab. Als die Gletscher aber klein waren, war das Klima der Tschechoslowakei sogar wärmer und feuchter als heute: Breitblättrige Bäume wuchsen in den Wäldern, eine fruchtbare Erdkrume bildete sich, und Steinzeitjäger lebten in diesem milden Klima. Deshalb bewegte sich die Grenze zwischen Grasland und Wald vor und zurück über den nichtvergletscherten Korridor von Zentraleuropa, während die Eisdecken Skandinaviens und der Alpen sich abwechselnd ausdehnten und zusammenzogen.

Lange ehe sie von der Magnetzeitskala wußten, hatten die tschechoslowakischen Geologen aufgezeigt, daß mindestens zehn Wiederholungen des Erde-Löß-Zyklus allein in der Region von Brünn nachgewiesen werden konnten. Es war aber nicht möglich gewesen, zu bestimmen, wie lange jeder Zyklus gedauert hatte. Im Jahr 1968 kehrten Kukla und seine Kollegen von der Tschechoslowakischen Akademie der Wissenschaft zu ihren Ziegeleien zurück, untersuchten jede einzelne Erd- oder Lößschicht und stellten fünf magnetische Umkehrungen fest. Mit der nunmehr fixierten Zeitskala konnte die durchschnittliche Dauer jedes Zyklus leicht berechnet werden: Der Hauptpuls des späten Pleistozän-Klimas hatte einen beständigen Rhythmus von einem Zyklus pro 100 000 Jahre.

Untersuchungen, die während des vorangegangenen Jahrzehnts durchgeführt worden waren, hatten ergeben, daß der Sedimentzyklus eigentlich keine einfache Wiederholung von Erdkrume (Schicht 1) und Löß (Schicht 2) in einem symmetrischen Muster war (1-2-1-2). Vielmehr war es ein vierfacher Zyklus, bestehend aus drei Arten von Erde (1,2,3,) und Löß (4), wodurch eine asymmetrische Folge entstand (1-2-3-4-1-2-3-4). Die erste Erdkrume in der Folge bildete sich in einem warmen, feuchten Klima. Die zweite Schicht war eine schwarze Erde, identisch mit jener, die sich heute in den feuchteren Teilen der asiatischen Steppe bildet und Fossilien enthält, die auf ein etwas kühleres und trockeneres Klima als das der vorangegangenen Waldphase hindeuten. Auf der schwarzen Erde lag eine Schicht von brauner Erde, typisch für die gemäßigteren Teile der heutigen arktischen Regionen. Diese Erde, die dritte Schicht in der Sequenz, enthielt Fossilien, die auf ein Klima hinweisen, kälter und trockener als die Steppe, aber nicht so kalt und trocken wie jenes, das die Ablagerung der darüberliegenden Lößschicht begleitete, die die vierte und letzte Phase des Zyklus bildete.

Diese Beobachtungen führten Kukla zu einer wichtigen Folgerung: Die Abkühlphase des Klimazyklus dauerte viel länger als die Phase der Erwärmung. Darüber hinaus waren die Übergänge von staubigen Polarwüstenphasen zu Phasen mit Laubbäumen so abrupt, daß sie in den Wänden der Ziegeleigruben als deutliche Linien erschienen. Diese Linien, von Kukla »Kennlinien« genannt, eigneten sich dazu, einen Sedimentzyklus vom anderen zu unterscheiden und die Zyklen zwischen weit auseinanderliegenden Regionen zu korrelieren (Abb. 37).

Nachdem er den Puls des zentraleuropäischen Klimas »gefühlt« hatte, wandte Kukla seine Aufmerksamkeit der Folge von Alpenterrassen zu, die Penck und Brückner zu dem Schluß gebracht hatten, das Pleistozän habe einen unregelmäßigen Rhythmus gehabt, markiert von dem Kies, den sie mit Günz, Mindel, Riß und Würm bezeichnet hatten. Die Realität der Alpenterrassen zweifelte Kukla nicht an. Was er für fraglich hielt, war die klimatische Interpretation, die Penck ihnen gegeben hatte.

Penck hatte angenommen, Kiesschichten bildeten sich nur, wenn Gletscher vorhanden waren. Kukla fand jedoch bald heraus, was er eine »spektakuläre Veranschaulichung von interglazialer Kiesanhäufung« nannte und was den Verdacht bestätigte, den der deutsche Geologe Ingo Schaefer vor vielen Jahren geäußert hatte. In der unteren Terrasse bei Ulm enthielt beispielsweise der Kies, der als zur Würm-Eiszeit gehörend klassifiziert worden war, Baumstämme, die durch die Radiokarbon-Datierung als zum postglazialen Zeitalter gehörend ausgewiesen wurden. Und in der Nähe von Wien fand man Kies aus dem Würm-Zeitalter, der römische Ziegel enthielt. Kukla schrieb:

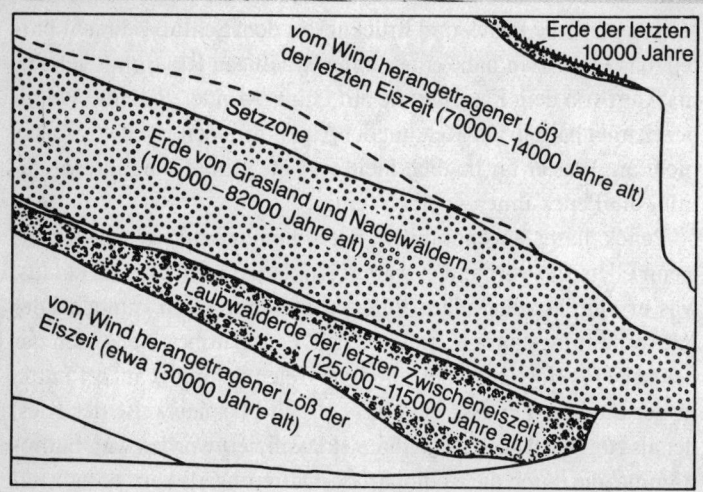

Abb. 37 Klimageschichte, ausgezeichnet in einer tschechoslowakischen Ziegelei. Ereignisse der letzten 130 000 Jahre sind in einer Ziegeleigrube bei Nové Město als Aufeinanderfolge von Erden und vom Wind abgelagerten Lößarten nachgewiesen (mit freundlicher Genehmigung von G. J. Kukla).

»Pencks Autorität war jedoch so stark, daß die interglazialen Schichten innerhalb der Terrassenkörper als örtliche Anomalien und nicht als Beweis für das zum Teil interglaziale Alter aller Alpenterrassen interpretiert wurden ... Zum Beispiel wurde der Kies der unteren Terrasse nahe Ostrau viele Jahre lang als zum Würm-Zeitalter gehörig kartographiert, was ja auch richtig ist. Aber nachdem der berühmte tschechische Quartärstratigraph Tyráček einen rostigen Fahrradlenker aus dem intakten Kies ausgrub, wurde diese Schicht als Holozän-Schwemmland neu kartiert ... Trotzdem überlebte die logische Schlußfolgerung: Der Kies der unteren Terrasse ist laut Definition Würm-Kies, ob er nun Fahrräder oder römische Ziegel enthält.«
Zweifellos haben sich viele Kiesschichten, die als Würm definiert wurden, tatsächlich in postglazialer Zeit gebildet. Um 1969 war es schon peinlich deutlich, daß das gesamte Klimaschema für die Alpenterrassen, von Penck und Brückner entwickelt, von Eberl ausgeweitet und von einer Generation von Geologen anerkannt, nicht mehr war als ein – nicht auf Sand – sondern auf Treibkies gebautes Haus. Und als das Haus schließlich in sich zusammenfiel, fiel auch das von Köppen und Wegener zur Bestätigung der Milankovich-Theorie herangezogene Argument in sich zusammen.
Während Kukla in Europa aus dem Penck-Brückner-Schema Stück um Stück herausbrach, beendete Jan van Donk am Lamont-Institut Isotopenmessungen an Forams im Kern V12-122 aus der Karibik (Abb. 38). Zusammen mit Broecker versuchte van Donk, die geologische Zeitskala zu optimieren. Da der Kern nicht bis zur Basis der Brunhes-Epoche hinabreichte, konnte die Magnetzeitskala nicht direkt angewandt werden. Der Kern enthielt aber die U-V-Grenze – deren Alter Ericson auf etwa 400 000 Jahre datiert hatte, und zwar durch Interpolation in Kernen, die lang genug waren, um die letzte magnetische Umkehr zu enthalten. Diese Schätzung, die in die Mitte des recht breiten, durch Uran- und Thorium-Methoden gewonnenen Datenbereichs fiel, wurde zum Eckpfeiler der

Chronologie von Broecker und van Donk und führte sie zu dem Schluß, daß der Hauptzyklus in der Isotopenaufzeichnung 100 000 Jahre betrug. Überdies stellten sie fest, daß dieser primäre Klimazyklus eine asymmetrische Form besaß: »Perioden der Gletscherausdehnung mit einer durchschnittlichen Dauer von etwa 100 000 Jahren wurden von sehr schneller Entgletscherung abrupt beendet.« Sie bezeichneten diese Episoden schneller Erwärmung als »Terminationen«.

Erst im September 1969, als Broecker und Kukla sich auf dem Internationalen Wissenschaftlichen Kongreß in Paris trafen, erkannten sie, daß ihre getrennten Forschungsrichtungen sie zu vielen gleichen Folgerungen geführt hatten: Die Haupteiszeiten des Pleistozän hatten einen zeitlichen Abstand von etwa 100 000 Jahren, sie entwickelten sich langsam und endeten abrupt. Die Kennlinien in den tschechoslowakischen Ziegeleien entsprachen den Terminationen in den Kernen der Karibik.

Während Broecker und Kukla die Form pleistozäner Zyklen diskutierten – und der Verfasser und Shackleton ihre Ansichten über Pleistozän-Temperaturen austauschten –, arbeiteten William Ruddiman und Andrew McIntyre am Lamont-Observatorium an der Entwicklung einer neuen Methode zur Erforschung der Geschichte des Meeres. Durch die Auswahl von Kernen entlang einer Nord-Süd-Linie und die Aufzeichnung der wechselnden Verteilung temperaturempfindlicher Spezies entlang dieser Linie waren sie in der Lage, den sich verlagernden Kurs des Golfstroms zu verfolgen. In den interglazialen Zeiträumen hatte der Strom eine Nordostrichtung über den Atlantik von Cape Hatteras nach Großbritannien eingeschlagen, während der Eiszeiten dagegen einen östlichen Kurs in Richtung Spanien. Während die Eisdecken sich ausdehnten und zusammenzogen und Wälder und Prärien sich über Europa und Asien vor- und zurückbewegten, schwang der Golfstrom ebenfalls vor und zurück wie ein Tor mit dem Scharnier auf Cape Hatteras. Indem sie die »Schwingungen« des Stroms zählten und diese in die Magnetzeitskala einpaßten, stellten Ruddiman und McIntyre fest, daß es in der Brunhes-Epoche acht Klimazyklen gab. Wie die arktischen Eisdecken und die eurasischen Wälder bewegten sich die Meeresströmungen in einem 100 000-Jahr-Rhythmus.

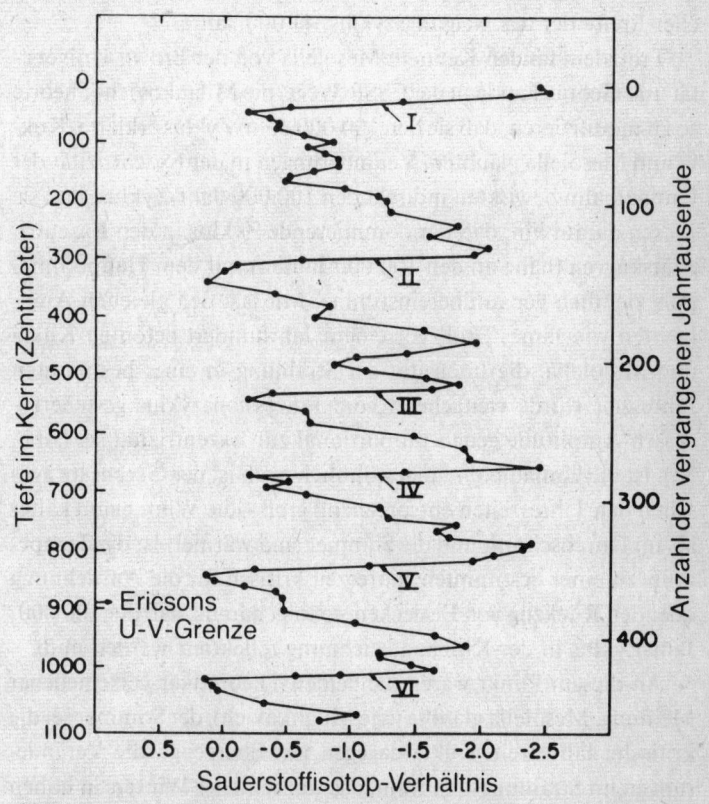

Abb. 38 Der 100 000-Jahr-Puls des Klimas. Die hier gezeigten Klimavariationen sind durch Veränderungen des Sauerstoffisotop-Verhältnisses in einem Tiefseekern aus der Karibik (V12-122) aufgezeichnet. Nach Bestimmung der ungefähren Zeitskala kamen W. S. Broecker und J. van Donk zu dem Schluß, der Hauptpulsschlag des Klimas sei ein 100 000-Jahr-Zyklus. Sechs Intervalle schneller Entgletscherung sind mit römischen Ziffern bezeichnet und werden *Terminationen* genannt (nach W. S. Broecker und J. van Donk, 1970).

Anfang der 1970er Jahre war die Bedeutung des 100 000-Jahr-Zyklus des Klimas offensichtlich. Was jedoch den Zyklus bewirkte, war noch immer unklar. Die Milankovich-Theorie selbst sagte ihn nicht voraus. Vielmehr entsprach die dominierende Periodizität der Strahlungskurve für die Sommerjahreszeit auf 65 Grad nördlicher Breite der des Neigungszyklus: 41 000 Jahre.

Trotzdem fanden Kenneth Mesolella von der Brown-Universität und George Kukla in der CSSR Wege, die Milankovich-Theorie so zu modifizieren, daß sie den 100 000-Jahr-Zyklus erklärte. Kukla und Mesolella glaubten, Veränderungen in der Exzentrizität der Umlaufbahn bewirkten indirekt den 100 000-Jahr-Zyklus, und sie wiesen darauf hin, daß der dominierende Zyklus in den Exzentrizitätskurven (nahe an den 100 000 Jahren) mit dem Hauptklimapuls ziemlich genau übereinstimme. Mit fast den gleichen Argumenten wie James Croll vor einem Jahrhundert betonten Kukla und Mesolella, die Intensität der Strahlung in einer bestimmten Jahreszeit würde weitgehend vom Präzessionszyklus gesteuert – dessen Amplitude genau proportional zur Exzentrizität sei (Abb. 35). Ist die Umlaufbahn ungewöhnlich oval, ist der Gegensatz zwischen den Jahreszeiten entsprechend groß – die Winter sind kälter als im Durchschnitt, und die Sommer sind wärmer. Ist die Temperatur zu einer bestimmten Jahreszeit kritisch für die Ausdehnung oder den Rückzug von Eisdecken, so folgt daraus, daß der 100 000-Jahr-Zyklus in der Klimaaufzeichnung reflektiert werden muß.

An diesem Punkt waren die beiden Theoretiker verschiedener Meinung. Mesolella glaubte (wie Milankovich), der Sommer sei die kritische Jahreszeit. Kukla dagegen war überzeugt, die Veränderungen im Strahlungsquantum, das während des Winters in hohen nördlichen Breiten empfangen wird, löse die Eiszeiten aus. In einer eindringlichen, 1967 veröffentlichten Darlegung sagte Kukla voraus: »Wenn dieses Problem geklärt und die Bedeutung des Winters unumstritten sein wird, wird man wahrscheinlich die zufällige Wahl des Sommers als den schwersten Fehler in der Quartärforschung der letzten Jahre ansehen.« Broecker und van Donk waren jedoch ihrerseits nicht bereit, sich in der Frage des Ursprungs des 100 000-Jahr-Zyklus festzulegen. Wenn auch die vier jüngsten Eiszeitterminationen mit Inflexionen der Exzentrizitätskurve übereinstimmten, taten dies die beiden ältesten Terminationen nicht.

Bis 1969 hatte die Magnetzeitskala ihren Wert als Grundlage für die Erforschung der Geschichte der Eiszeiten bewiesen und hatte es möglich gemacht, den 100 000-Jahr-Zyklus als den dominierenden Pulsschlag des Klimas zu identifizieren. Das Erscheinen dieser Zeitskala hatte bis dahin aber wenig dazu beigetragen, die Astronomische Theorie zu stützen. Im Gegenteil, es war schon etwas peinlich, daß der 100 000-Jahr-Zyklus nicht von dieser Theorie vorausgesagt worden war. Erst als die Fakten vorlagen, hatten Kukla und Mesolella Vorschläge gemacht, wie die Milankovich-Theorie modifiziert werden könnte, um diesen Zyklus zu erklären.

Die meisten Wissenschaftler wollten sich deshalb nur dann von der Richtigkeit der Astronomischen Theorie überzeugen lassen, wenn bewiesen werden konnte, daß die kleinen, dem 100 000-Jahr-Zyklus überlagerten Schwingungen jene wären, die Milankovich vorausgesagt hatte. Stellten sich diese kürzeren Klimazyklen als übereinstimmend mit dem 41 000-Jahr-Zyklus der Achsenneigung und dem 22 000-Jahr-Zyklus der Präzession heraus, dann wäre die Astronomische Theorie der Eiszeiten bestätigt. Um jedoch eine solche Übereinstimmung zu demonstrieren, muß die Parallelität zwischen astronomischen und klimatischen Kurven in Aufzeichnungen dargestellt werden, die ausreichend detailliert sind, um die 22 000- und 41 000-Jahr-Zyklen aufzuzeigen. Wieder einmal war das Problem einer Nachprüfung der Astronomischen Theorie der Eiszeiten an eine Steigerung der Genauigkeit der geologischen Zeitskala gebunden.

15
Schrittmacher der Eiszeiten

Im Frühjahr des Jahres 1970 beschloß James D. Hays einen neuen Angriff auf das Eiszeitproblem zu unternehmen. Mit einer Pleistozän-Zeitskala, an mehreren Punkten durch magnetische Umkehrungen fixiert, und mit paläontologischen Techniken, um Meeresströmungen zu verfolgen und Meerestemperaturen zu schätzen, waren Tiefseekerne in Instrumente zur Überwachung des globalen Klimas umgewandelt worden. Zum erstenmal konnten Geologen bestimmen, wann – und in welchem Ausmaß – verschiedene Teile des Meeres Eiszeiten erlebten. Konnte eine genauere Zeitskala innerhalb der Brunhes-Epoche etabliert werden, so war es auch möglich, eine endgültige Nachprüfung der Milankovich-Theorie vorzunehmen.

Fünf Jahre Erfahrung mit Kernen aus dem Antarktischen und dem Pazifischen Ozean hatten Hays davon überzeugt, daß eine zufriedenstellende Rekonstruktion der Meeresgeschichte eine zu große Aufgabe für einen einzelnen Forscher oder ein einzelnes Institut wäre. Es müßte ein Team von Paläontologen, Mineralogen, Geochemikern und Geophysikern gebildet werden. Als er diesen Gedanken einmal mit dem Verfasser diskutierte, wies Hays darauf hin, daß die entsprechenden Verfahren bereits von Forschern, die in einem Dutzend Laboratorien arbeiten, angewandt würden. Es wäre nur eine Organisation erforderlich, diese unabhängigen Bemühungen zu koordinieren.

Neugierig, die Vielfaktoren-Technik auf andere Spezies als nur Foraminifera angewandt zu sehen, stimmte der Verfasser einer Teilnahme an dem Projekt zu. Er verwies darauf, daß Andrew McIntyre und andere Forscher Forams und Kokkolithen (winzige, an der Oberfläche lebende Pflanzen) dazu benutzten, um Teile des Eiszeit-Atlantik zu kartieren. Würde die Vielfaktor-Technik mit

Radiolarien und Diatomeen funktionieren, so wäre es möglich, McIntyres Ergebnisse auf höhere Breitengrade auszuweiten und den ganzen Ozean zu kartieren. Der Verfasser äußerte jedoch Bedenken: Ein derartiges interinstitutionelles Vorgehen könne organisatorisch nicht bewältigt werden. »Keine Sorge«, erwiderte Hays, »wir brauchen nur Geld für Flugtickets und Telefonrechnungen.«

Hays' Optimismus war berechtigt. Am 1. Mai 1971 war das von ihm vorausgesehene interdisziplinäre, interinstitutionelle Projekt gestartet (CLIMAP). Es war das erste Ziel des Projekts, die Geschichte des Nordpazifiks und des Nordatlantischen Ozeans in der Brunhes-Epoche zu rekonstruieren. Finanzielle Unterstützung kam vom »International Decade of Ocean Exploration Programm« (IDOE = Internationales Jahrzehnt der Ozeanforschung) in der »National Science Foundation« (Nationale Wissenschaftsstiftung). 1973 wurde das Projekt ausgeweitet. Es gab zwei Ziele: die Oberfläche der Erde während der letzten Eiszeit zu kartieren und die Schwingungen des Pleistozän-Klimas zu messen.

Anfänglich waren drei Institute im IDOE-Projekt vertreten: das »Lamont-Doherty Geological Observatory« der Columbia-Universität, die Brown-Universität und die Oregon-State-Universität. Den Vorstand bildeten James D. Hays, der Verfasser, Andrew McIntyre, Ted C. Moore, Jr., und Neil Opdyke. Später schlossen sich die Universität von Maine und die Princeton Universität dem Projekt an, und der Vorstand wurde um George Denton, Ron Heath, Warren Prell und William Hutson erweitert. George Kukla, nunmehr Mitglied des Lamont-Lehrkörpers, übernahm die Verantwortung für die Korrelation von Meeres- und Nichtmeeresnachweisen des Klimas; Nicholas Shackleton und Jan van Donk maßen die Sauerstoffisotop-Verhältnisse; und Robley K. Matthews analysierte die Geschichte der Meereshöhe. Am Lamont-Institut wurde eine zentrale Verwaltungsstelle eingerichtet; die Koordinierung der weitgespannten Aktivitäten wurde Rose Marie Cline übertragen. Schließlich sollten nahezu 100 Forscher an dem Projekt arbeiten, einschließlich der Wissenschaftler (bei getrenntem Finanzhaushalt) aus Dänemark, Frankreich, Westdeutschland, dem Vereinigten Königreich, Norwegen, Schweiz und den Niederlanden. Im Jahr 1976 veröffentlichte die Gruppe eine Weltkarte, auf der die Temperaturen des Ozeans und die Verbreitung von Gletschern auf dem Höhepunkt der letzten Eiszeit vor 18 000 Jahren eingetragen waren. Bis 1977 beliefen sich die Kosten auf 6 630 500 Dollar.

Im Frühjahr 1971 jedoch war die dringendste Aufgabe von CLIMAP die Unterteilung der 700 000 Jahre langen Brunhes-Epoche in stratigraphische Zonen – d.h. in Schichten, die von einem Kern zum anderen fixiert und korreliert werden konnten. Nur wenn ein solches Formationsschema verfügbar war, konnte man Erosionslücken, Schlammströmungen und andere örtliche Verzerrungen der Klimanachweise erkennen. Und dann konnte man diese Verzerrungen auch meiden oder korrigieren. Ericson hatte dieses Formationsproblem 1968 fast gelöst, als er die Brunhes-Epoche in zehn *menardii*-Zonen (Q bis Z) unterteilte. Da diese Zonen aber auf dem Vorhandensein oder Fehlen von Spezies niederer Breitengrade basierten, war Ericsons Schema nicht mit Gewißheit außerhalb des Äquatorialatlantiks und der Karibik brauchbar. Was CLIMAP benötigte, war ein Formationsschema, das in jedem Ozean anwendbar war.

Der Entwurf eines solchen Schemas wurde einer Kernerkundungsgruppe übertragen, der Tsunemasa Saito, Lloyd Burckle und Allan Bé angehörten. Die Gruppe hoffte, daß Emilianis Sauerstoffisotop-Kurve ihnen das benötigte Schema liefern könnte. Emilianis längster Kern jedoch, der Kern P6304-9 aus der Karibik, überwand nicht die Brunhes-Matuyama-Grenze; ihre 17 Isotopenstufen schwammen, sozusagen chronologisch vergessen, irgendwo innerhalb der Brunhes-Epoche.

Was Saito und seine Kollegen brauchten, war ein Kern, der eine Menge Forams enthielt und lang genug war, um die jüngste magnetische Umkehr einzubeziehen. Im Dezember 1971 entdeckte Saito einen Kern (V28-238), der vorher im gleichen Jahr von dem Lamont-Wissenschaftler John Ladd in flachen Gewässern des westlichen Äquatorialpazifik geborgen worden war. Die Zusammensetzung der untersten Foram-Anhäufung überzeugte Saito davon, daß der Kern wirklich lang genug war – vielleicht war es der langgesuchte Rosetta-Stein (ursprünglich der Schlüssel zur Entzifferung der altägyptischen Schrift), der es den Wissenschaftlern von CLIMAP ermöglichen würde, die Klimageschichte der Brunhes-Epoche zu entziffern. Als Neil Opdyke den Kern magnetisch analysierte, stellte er fest: Saito hatte recht. Die Brunhes-Matuyama-Grenze lag zwölf Meter vom oberen Ende des Kerns entfernt. Aufgrund der Bedeutung dieser Entdeckung sandte Hays sofort Proben von V28-238 an Nicholas Shackleton von der Cambridge-Universität zur Isotopenanalyse.

Hays hatte den jungen britischen Geophysiker vor mehreren Jahren kennengelernt und war beeindruckt gewesen von den Fortschritten, die Shackleton bereits in der Labortechnik gemacht hatte. 1961 hatte Shackleton, von Sir Harry Godwin aufgefordert, dem Lehrkörper der Botanik-Abteilung in Cambridge beizutreten, einen Masse-Spektrographen für Isotopenuntersuchungen an Pleistozän-Fossilien aufgestellt. Zu Beginn seiner Arbeit hatte er die Überzeugung gewonnen, daß es wichtig war, Isotopenvariationen in den Schalen von auf dem Meeresboden lebenden Spezies zu studieren. Am Boden lebende Spezies kamen aber im Sediment in solch geringen Konzentrationen vor, daß es schwierig war, genügend Exemplare für genaue Analysen zu finden. Shackleton beschloß deshalb, das Instrument so umzubauen, daß auch kleine Mengen erfaßt werden konnten. Diese Änderung kostete ihn zehn Jahre.

Als Shackleton im Juni 1972 am Lamont-Institut zur CLIMAP-Konferenz erschien, brachte er zwei Isotopenkurven für den Kern V28-238 mit. Eine Kurve stellte Variationen in der Isotopenzusammensetzung von Planktonschalen dar, die sich im Wasser nahe der Oberfläche gebildet hatten. Diese Kurve, die sich bis hinab in die jüngste Magnetumkehr erstreckte, versprach das Formationsproblem von CLIMAP zu lösen – sie zeigte nämlich, daß die Brunhes-Epoche in 19 Isotopenstufen unterteilt werden konnte. Die oberen 17 Stufen entsprachen genau jenen, die Emiliani in seinem langen karibischen Kern festgelegt hatte. Zwei zusätzliche Stufen erweiterten nun die Folge zurück bis zur Basis der Brunhes-Epoche (Abb. 39).

Die versprochene Lösung des Formationsproblems von CLIMAP konnte allerdings nur erfolgen, wenn demonstriert werden konnte, daß die Isotopenschwankungen global synchron waren. Shackletons Kollegen waren deshalb hoch erfreut, als seine zweite Kurve – die die Variationen in der Isotopenzusammensetzung von auf dem Meeresboden lebenden Foraminifera wiedergab – identisch war mit der Planktonkurve. Und wie Shackleton ausführte, konnte Meeresgrundwasser – immer dicht am Gefrierpunkt – während einer Eiszeit nicht viel kälter gewesen sein. Wie er und der Autor nach ihrem Treffen drei Jahre früher in Paris vermutet hatten, reflektierten deshalb beide Kurven Veränderungen im Anteil leichter Isotopen im Ozean – und nicht Veränderungen in der Wassertemperatur. Und da Meerwasser durch Strömungen sehr schnell gemischt wird, würde jede chemische Veränderung in einem Teil des Ozeans innerhalb von 1000 Jahren überall reflektiert. Die ganze Zeit über war also die Emiliani-Kurve eine chemische Botschaft der alten Eisdecken gewesen. Wenn die Gletscher sich ausweiteten, wurden leichte Sauerstoffatome dem Meer entzogen und in den Eisdecken gespeichert – wobei sie das Isotopenverhältnis von Sauerstoff im Meerwasser veränderten. Wenn die Gletscher abschmolzen, strömten die gespeicherten Isotopen zurück in den Ozean, wobei seine ursprüngliche Zusammensetzung wieder hergestellt wurde. Die Auswirkungen örtlicher Temperaturschwankungen waren zu gering, um registriert werden zu können.

Die Forschungsergebnisse von Shackleton und Opdyke lösten nicht nur das Formationsproblem, sondern gaben den CLIMAP-Forschern auch eine viel genauere Chronologie an die Hand für Ereignisse des späten Pleistozän. Da die Chronologie von Shackletons Folge von 19 Isotopenstufen nunmehr an beiden Enden wissenschaftlich abgesichert war – durch Radiokarbon-Daten am oberen Ende und durch eine magnetische Umkehr am Boden – konnte jetzt das Alter jeder Stufe durch Interpolation innerhalb der 700 000-Jahr-Brunhes-Epoche geschätzt werden.

Mit der nun endlich festgelegten Zeitskala der Isotopenkurve wollte Shackleton jetzt feststellen, ob die geringeren Schwankungen in der Isotopenkurve mit den von Milankovich vorausgesagten übereinstimmten. Wenn die Astronomische Theorie des Klimas richtig war, würden diese Schwankungen Variationen in Achsenneigung und Präzession reflektieren – und würden als dem 100 000-Jahr-Hauptpuls überlagerte 41 000-Jahr- und 22 000-Jahr-Zyklen erscheinen. Der 100 000-Jahr-Zyklus war aber so dominierend, daß Shackleton es schwierig fand, diese modulierenden Frequenzen zu definieren.

Im Jahre 1966 hatte ein holländischer Forscher mit Namen E. P. J. van den Heuvel dieses Problem statistisch gelöst. Unter Verwendung einer Technik, die Spektralanalyse genannt wurde, hatte er demonstriert, daß Emilianis Isotopenkurve zwei Frequenzkomponenten enthielt: einen dominierenden 40 000-Jahr-Zyklus und einen weniger deutlichen 13 000-Jahr-Zyklus. Das Verfahren war jenem ähnlich, mit dem ein Musiker einen Akkord in seine einzelnen Noten zerlegt. Nachdem er den Isotopen-»Akkord« in eine große Anzahl von »Noten« zerlegt hatte – wobei jede einzelne eine bestimmte Schwingungsfrequenz darstellte –, hatte er die relative Bedeutung jeder Schwingungsfrequenz in einer Kurve oder einem Spektrum dargestellt. Der 40 000-Jahr-Zyklus erschien als deutliche Spitze auf der Kurve – anscheinend darauf hinweisend, daß dieser Zyklus der dominierende Klimapuls war.

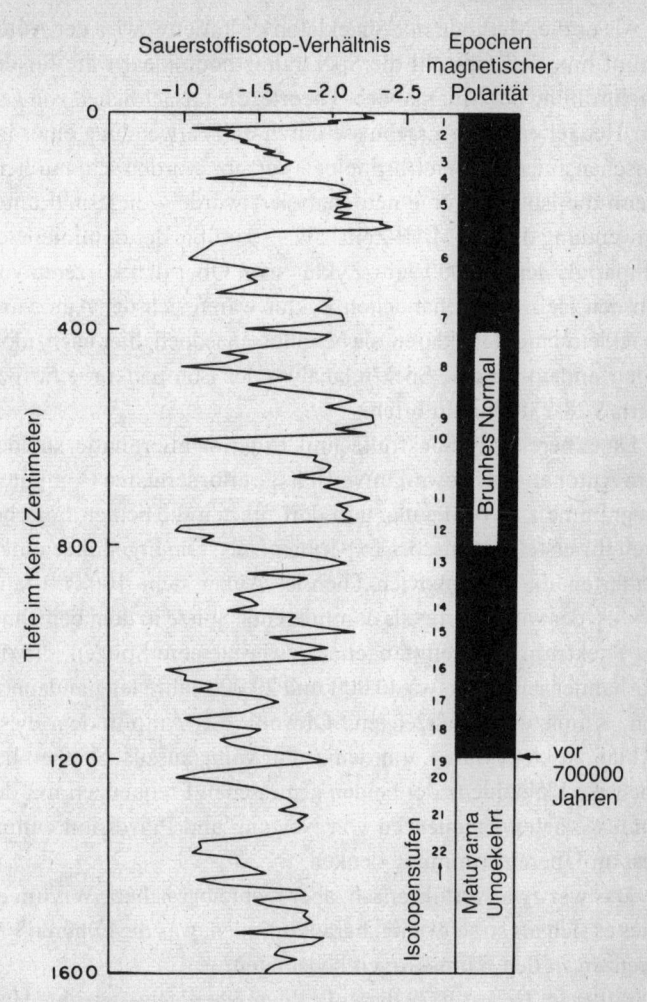

Abb. 39 Der »Rosetta-Stein« des späten Pleistozänklimas. Eine Darstellung der Isotopen- und Magnetmessungen, die 1972 von N. J. Shackleton und N. D. Opdyke an einem Tiefseekern (V28-238) aus dem Pazifik durchgeführt wurden. Diese Beobachtungen – die nachwiesen, daß die Isotopenstufe 19 an der Grenze zwischen der Brunhes- und der Matuyama-Epoche vorkommt – lieferten die erste genaue Chronologie des späten Pleistozänklimas (Daten aus N. J. Shackleton und N. D. Opdyke, 1973).

Als er die Methode mit Shackleton diskutierte, wies der Autor darauf hin, daß, obwohl die Spektralmethode ideal wäre für die Nachprüfung der Milankovich-Theorie, die tatsächlichen von van den Heuvel erzielten Ergebnisse durch die Verwendung einer inzwischen aufgegebenen Chronologie verzerrt worden sein müßten. Wenn die Isotopenkurve neu analysiert würde – diesesmal unter Anwendung der CLIMAP-Zeitskala – so müßte der dominierende Klimapuls der 100 000-Jahr-Zyklus sein. Über den kürzeren von van den Heuvel abgehandelten Zyklus waren sich der Autor und Shackleton nicht im klaren; sie beschlossen jedoch, hier nachzuforschen, indem sie eine Spektralanalyse der Isotopenkurve für den Kern V28-238 durchführten.

Da er bereits mit Spektraltechnik experimentiert hatte, standen dem Autor an der Brown-Universität die erforderlichen Computerprogramme zur Verfügung, und dort führten die beiden Forscher auch ihr erstes statistisches Experiment aus. Die Ergebnisse untermauerten die Milankovich-Theorie. Außer dem 100 000-Jahr-Zyklus, der wie erwartet als dominierende Spitze in dem berechneten Spektrum erschien, fanden sie zwei kleinere Spitzen, die das Vorhandensein von etwa 40 000 und 20 000 Jahre lang andauernden Klimazyklen aufzeigten. Obwohl die Amplituden dieser Zyklen zu klein waren, um den Zufall völlig auszuschließen, ließ doch die Koinzidenz der beiden gemessenen Frequenzen mit den vorausgesagten Frequenzen von Neigung und Präzession zumindest an Übereinstimmung denken.

Das war zwar verführerisch, aber nicht abgesichert. Warum erwies es sich als so schwierig, herauszufinden, was die höheren Frequenzen in den Klimakurven bedeuteten?

Als er im Herbst 1972 dieses Problem überdachte, glaubte Hays den Grund zu erkennen: Der bisher durch Spektralanalyse untersuchte Kern war zu langsam gewachsen. Wenn die Ablagerungsgeschwindigkeit nur ein oder zwei Millimeter pro Jahrhundert betragen würde – wie es bei der Mehrzahl der Pazifik- und Karibikkerne der Fall war – müßte die Grabtätigkeit von Lebewesen auf dem Meeresboden die Aufzeichnung der Zyklen mit höheren Frequenzen verwischen. Um demnach einen gültigen Test der Milankovich-Theorie auszuführen, wäre es nötig, einen »ungestörten« Kern zu analysieren, dessen Ablagerungsgeschwindigkeit zwei Millimeter pro Jahrhundert überschritten hatte.

Hays und seine CLIMAP-Kollegen waren bereits dabei, alle verfügbaren Kerne als Teil ihrer Arbeit zu untersuchen, also den Eiszeit-Ozean zu kartieren. Nach einiger Überlegung beschloß Hays, nunmehr einen bestimmten Kerntyp zu suchen: einen Kern mit einer entsprechend hohen Sedimentationsgeschwindigkeit – der aus den hohen Breitengraden der südlichen Hemisphäre stammte – und der Schalen von Forams und Radiolarien enthielt. Ein solcher Kern, so Hays, würde mehr Informationen liefern als einer aus der nördlichen Hemisphäre. Variationen in der Isotopenzusammensetzung von Foram-Schalen würden einen Nachweis von Eisdeckenfluktuationen auf der nördlichen Halbkugel liefern – denn dort fanden fast alle Gletscherausdehnungen und Rückzüge, die die Isotopenzusammensetzung des Ozeans beeinflußten, statt. Gleichzeitig konnten Veränderungen in Radiolarien-Populationen durch die Vielfaktor-Technik analysiert werden und Aufschluß darüber geben, wie die Geschichte der Wassertemperatur über der Stelle der Kernentnahme verlaufen war. Durch den Vergleich der beiden Signale – von Isotopen und Radiolarien – hoffte Hays, eine Frage zu beantworten, die zuerst von James Croll gestellt worden war: Fallen Klimaveränderungen auf der südlichen Halbkugel wirklich mit denen auf der nördlichen Halbkugel zusammen?

Im Januar 1973 fand Hays in der Lamont-Sammlung einen Kern, der seinen Anforderungen gerecht zu werden schien. Der Kern RC11-120 war vor sechs Jahren von der »Robert Conrad« aus dem südlichen Indischen Ozean geborgen worden. Nach der Zählung der Radiolarien und der Verschickung von Proben an Shackleton für eine Isotopenanalyse wurde Hays insofern bestätigt, als die Ablagerungsgeschwindigkeit für seine Zwecke hoch genug war (drei Millimeter pro Jahrhundert). Als die Daten ausgewertet worden waren, war Crolls Frage beantwortet: Klimaveränderungen auf der nördlichen Halbkugel verliefen im wesentlichen synchron mit denen der südlichen Halbkugel. Obwohl dieses Ergebnis allein schon wichtig genug war für die Rechtfertigung seiner Bemühungen, war Hays dennoch enttäuscht, weil der Kern nur etwa 300 000 Jahre zurückreichte, bis zur Basis von Stufe 9 des Isotopenschemas von Emiliani. Um einen geeigneten Nachweis für die Spektralanalyse zu liefern, wäre ein Kern erforderlich gewesen, der mindestens 400 000 Jahre zurückgereicht hätte.

Als klar war, daß die von Hays gesuchte Nadel im Lamont-Heuhaufen nicht zu finden sei, entschloß er sich, sie anderswo zu suchen. Im Juli ging er zur Florida State University in Tallahassee, wo eine umfangreiche Sammlung von Antarktiskernen unterhalten wurde. Dort setzte er die Suche nach Kernen fort, die nahe der Fundstelle RC11-120 geborgen wurden. Bald stieß er auf mehrere Kerne, die Norman Watkins 1971 mit der »Eltanin« geborgen hatte. Mit Hilfe zweier Assistenten begann Hays, die Watkins-Kerne zu öffnen. Später erinnerte er sich: »Die Kerne wurden tiefgekühlt gelagert, und wir alle zitterten vor Kälte in unseren Parkas. Als aber Kern E49-18 geöffnet war, hörten wir auf zu zittern: Ich wußte sofort, wir hatten etwas Wichtiges gefunden, weil die Farbschichten genau mit den Schwingungen in Shackletons Sauerstoffkurve für V23-238 übereinstimmten.« Abwärts zählend fand Hays heraus, daß der Kern bis zur Stufe 13 reichte – und so ein Alter von 450 000 Jahren besaß.

Hays' Stegreif-Formationsanalyse stellte sich als richtig heraus. Kern E49-18 reichte wirklich bis hinab auf Stufe 13. Leider waren die obersten drei Isotopenstufen beim Bergen des Kerns verlorengegangen; doch mit der jetzt verfügbaren Isotopenstratigraphie konnten sie aus dem nahe gelegenen Kern RC11-120 eingefügt werden. Zusammen enthielten diese beiden Kerne eine detaillierte und unzerstörte Aufzeichnung des Klimas, die 450 000 Jahre zurückreichte – und ihre Ablagerungsgeschwindigkeit war hoch genug, um Zyklen bewahrt zu haben, die nur 10 000 Jahre umfaßten.

Nach der graphischen Darstellung der Daten von Radiolarien und Isotopen waren Hays und Shackleton begeistert: Die Isotopenkurven im Indischen Ozean deckten sich mit dem allgemeinen Muster, das Emiliani für die Stufen 1 bis 13 in einer Reihe anderer Kerne festgelegt hatte. Aber jetzt waren, wie Hays erwartet hatte, höhere Frequenzen als der 100 000-Jahr-Zyklus deutlich sichtbar (Abb. 40). Als er erkannte, daß hier eine Gelegenheit für einen endgültigen Test der Milankovich-Theorie gegeben war, bat er den Autor, eine Spektralanalyse durchzuführen.

Zunächst galt es, die genauen Frequenzen der Variation in Neigung und Präzession in den letzten 450 000 Jahren herauszufinden (Abb. 41). Diese Frequenzen, und nicht die Frequenz des Exzentrizitätszyklus, würden für den anstehenden Test entscheidend sein – weil nur sie durch die Milankovich-Theorie unzweideutig vorausgesagt wurden. Der Autor wußte, daß Anandu D. Vernekar von der Universität von Maryland jüngst die astronomischen Kurven nachgerechnet hatte, und beschaffte sich von ihm Kopien der Be-

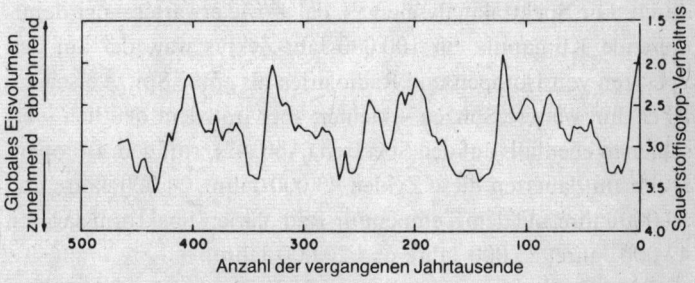

Abb. 40 Klima der letzten halben Million Jahre. Eine graphische Darstellung der Isotopenmessungen, die an zwei Kernen aus dem Indischen Ozean von einer Forschergruppe von CLIMAP durchgeführt wurden. Diese Beobachtungen – welche Variationen im Volumen des globalen Eises wiedergeben – führten zu einer Bestätigung der Astronomischen Theorie der Eiszeiten (Daten aus J. D. Hays et al., 1976).

rechnungen. Nach der statistischen Verarbeitung von Vernekars Informationen stellte er fest, daß – wie erwartet – die Neigungskurve einen einzigen Zyklus von 41 000 Jahren anzeigte. Das Spektrum für die Präzessionskurve jedoch enthielt nicht einen, sondern zwei deutliche Zyklen – einen größeren Präzessionszyklus von 23 000 Jahren und einen kleineren Zyklus von 19 000 Jahren. Aus Sorge, seine Berechnungen wären falsch, legte der Autor seine Ergebnisse dem belgischen Astronomen André Berger vor. Nach Prüfung der trigonometrischen Formeln, von denen die Präzessionsberechnungen abgeleitet waren, teilte Berger mit, der entdeckte Doppelzyklus sei kein statistischer Fehler: Variationen in der Entfernung Erde – Sonne treten tatsächlich als 23 000-Jahr- und 19 000-Jahr-Zyklen auf.

Bergers Bestätigung setzte die Räder in Bewegung. Nach der erweiterten Version der Astronomischen Theorie, entwickelt von Mesolella und Kukla, mußten Klimaschwankungen als vier deutliche Zyklen in Erscheinung treten: ein 100 000-Jahr-Zyklus, entsprechend den Exzentrizitätsvariationen; ein 41 000-Jahr-Zyklus, entsprechend den Variationen in der Axialneigung, sowie 23 000- und 19 000-Jahr-Zyklen, entsprechend den Präzessionsvariationen. Im Sommer 1974 führte der Autor den langerwarteten Test durch. Die Spektralanalyse ergab, daß – wie erwartet – der dominierende Klimapuls ein 100 000-Jahr-Zyklus war, der auf den Spektren von Isotopen und Radiolarien als große Spitze erschien. Aber drei weitere Spitzen – kleiner, aber trotzdem deutlich – erschienen ebenfalls auf den Spektren (Abb. 42). Auf dem Isotopenspektrum dauerten diese Zyklen 43 000 Jahre, 24 000 Jahre und 19 000 Jahre, auf dem Temperatur-Radiolarien-Spektrum dagegen 42 000 Jahre, 23 000 Jahre und 20 000 Jahre.

Diese Ergebnisse waren alles, was sich der Autor und seine Kollegen erhofft hatten. Alle in den Kernen aus dem Indischen Ozean gefundenen Zyklen deckten sich mit den vorausgesagten Zyklen bis auf 5 Prozent genau. Daß eine solche Übereinstimmung nur durch

Zufall eintreten könnte, schien höchst unwahrscheinlich. Es dauerte nicht lange, bis Nicklas G. Pisias einen zusätzlichen Beweis für die Astronomische Theorie lieferte. Bei Anwendung einer stärkeren Spektralmethode fand er in Kern V28-238 einen statistisch bedeutsamen 23 000-Jahr-Zyklus. Die CLIMAP-Forscher erkannten, daß ihre Isotopenaufzeichnungen aus dem Pazifischen und dem Indischen Ozean sich mit den entsprechenden Teilen der aus anderen Ozeanen stammenden Isotopenaufzeichnungen deckten, und fühlten sich zu der Schlußfolgerung berechtigt, wonach die Aufeinanderfolge später Pleistozän-Eiszeiten tatsächlich von Veränderungen in Exzentrizität, Präzession und Neigung der Erde ausgelöst worden waren.

Wenn die Astronomische Theorie richtig war, mußte es möglich sein, mehr zu tun, als mit Hilfe der Spektralanalyse zu demonstrie-

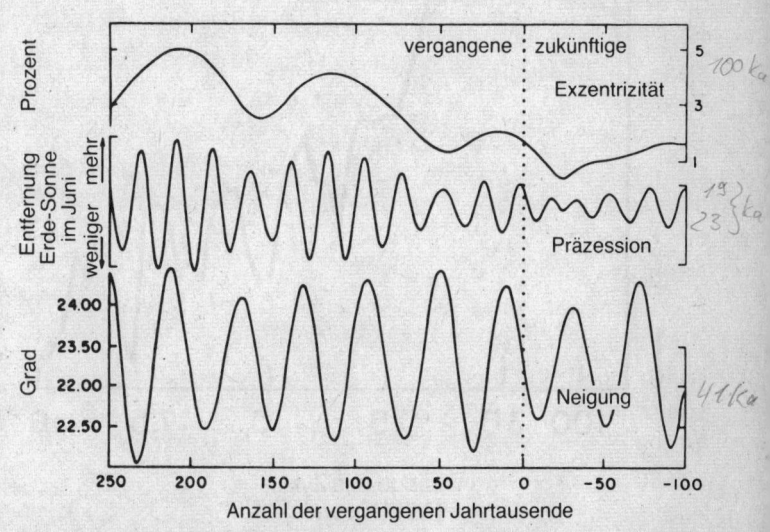

Abb. 41 Veränderungen in Exzentrizität, Neigung und Präzession. Planetenbewegungen verursachen Schwankungen im Schwerefeld, die wiederum Veränderungen in der Geometrie der Erdumlaufbahn hervorrufen. Diese Veränderungen sind für vergangene und zukünftige Zeiten berechenbar (Daten aus A. Berger).

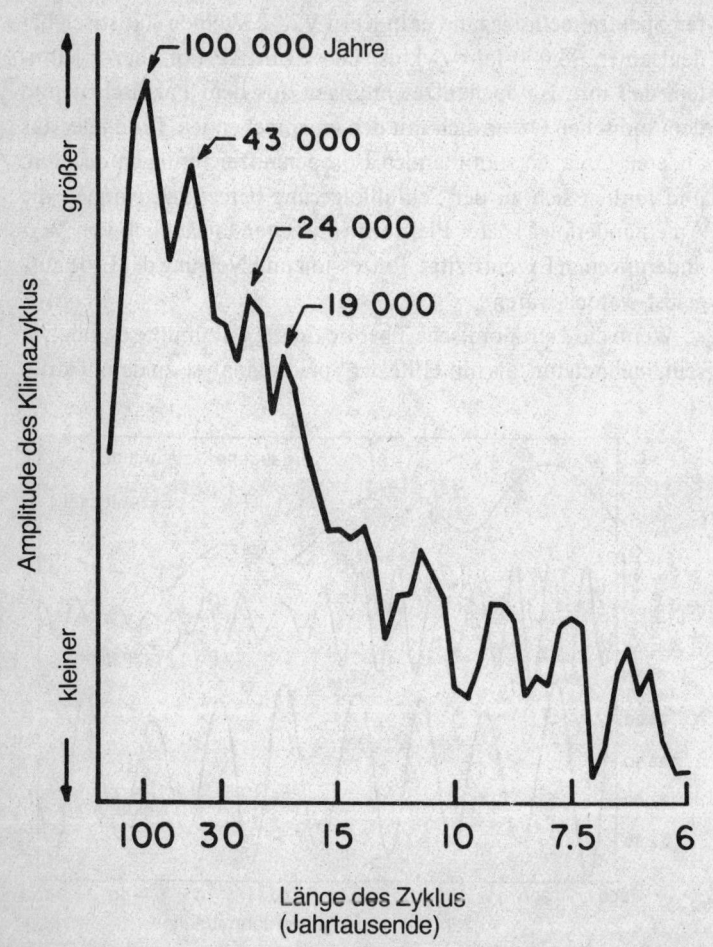

Abb. 42 Spektrum der Klimaschwankungen im Lauf der letzten halben Million Jahre. Diese Kurven – die die relative Bedeutung unterschiedlicher Klimazyklen in der Isotopenaufzeichnung zweier Kerne aus dem Indischen Ozean zeigen – bestätigten viele Voraussagen der Milankovich-Theorie (Daten aus J. D. Hays et al., 1976).

ren, daß die astronomischen Frequenzen in Klimakurven sichtbar werden. Man mußte auch nachweisen können, wie schnell die Eisdecken auf jede Art astronomischer Variation reagiert hatten. Wenn etwa die Eisdecken sofort auf eine Veränderung der Achsenneigung reagierten, dann hätten die Schwankungen des 41 000-Jahr-Klimazyklus gleichzeitig mit Variationen in der Neigung eintreten müssen. Wenn aber, was wahrscheinlicher war, die Eisdecken nur zögernd auf eine Veränderung in der Strahlung reagierten, die von Veränderungen in der Neigung verursacht werden, dann mußte der 41 000-Jahr-Zyklus des Klimas regelmäßig nach der Orbitalkurve erfolgen.

Als bekannt wurde, daß eine statistische Technik, Filteranalyse genannt, zur Verfügung stand, um die 41 000-Jahr und 23 000-Jahr-Frequenzkomponenten einer Klimakurve getrennt zu untersuchen, wandte der Autor diese Methode auf die Aufzeichnungen aus den beiden Kernen vom Indischen Ozean an. Das Ergebnis zeigte deutlich, daß der 41 000-Jahr-Klimazyklus tatsächlich den Variationen in der Achsenneigung, allerdings um etwa 8000 Jahre verzögert, nachfolgte. Und zumindest im größeren Teil der untersuchten Aufzeichnung folgte der 23 000-Jahr-Klimazyklus systematisch den Variationen in der Präzession nach. Außerdem waren diese Verzögerungen regelmäßig genug, um zu bestätigen, daß Variationen in Neigung und Präzession Schrittmacher für Klimaveränderungen sind.

Nunmehr überzeugt, daß größere Klimaveränderungen von astronomischen Variationen verursacht werden und daß die 41 000-Jahr- und 23 000-Jahr-Klimazyklen systematisch nach Variationen in Neigung und Präzession erfolgen, veröffentlichten Hays, der Autor und Shackleton ihre Entdeckungen in »Science«. Der Artikel erschien am 10. Dezember 1976: »Variations in the Earth's Orbit: Pacemaker of the Ice Ages« (Variationen in der Erdumlaufbahn: Schrittmacher der Eiszeiten).

Ein Jahrhundert nachdem Croll seine Theorie veröffentlicht

und 50 Jahre nachdem Milankovich seine Strahlungskurven an Köppen und Wegener geschickt hatte, bestätigten zwei Kerne aus dem Indischen Ozean die Astronomische Theorie der Eiszeiten. Endlich hatten die Geologen den eindeutigen Beweis in der Hand, daß die Bewegungen der Erde auf ihrer Bahn um die Sonne die Spätpleistozän-Eiszeiten auslösten. Wie dieser Auslösemechanismus funktionierte und warum der 100 000-Jahr-Zyklus der Bahnexzentrizität sich so stark auf die Klimaaufzeichnung der letzten halben Million Jahre auswirkte, das war noch immer unbekannt. Für den Augenblick aber genügte es zu wissen, daß Milutin Milankovich, Wanderer durch ferne Welten und Zeiten, den Weg zur Lösung eines entscheidenden Teils des Eiszeiträtsels geebnet hatte.

Im März 1941, zurückblickend auf ein Leben, das der Entwicklung der Eiszeiten gewidmet war, hatte Milankovich noch erklärt:

»Diese Ursachen – die Veränderungen in der Sonneneinstrahlung, herbeigeführt von den gegenseitigen Perturbationen der Planeten – liegen weit jenseits des Vorstellungsvermögens der beschreibenden Naturwissenschaften. Es ist deshalb die Aufgabe der exakten Naturwissenschaften, dieses Schema zu umreißen, mit Hilfe ihrer das Universum beherrschenden Gesetze und ihres entwickelten mathematischen Instrumentariums. Es bleibt jedoch den beschreibenden Naturwissenschaften überlassen, eine Übereinstimmung zwischen diesem Schema und geologischer Fachkenntnis zu schaffen.«

III. TEIL
EISZEITEN DER ZUKUNFT

16
Die nächste Eiszeit

Was bringt die Zukunft? Bedeutet die Tatsache, daß es viele Male in der Vergangenheit Eiszeiten gegeben hat, nun, daß eine weitere vor uns liegt? Wenn es nicht eine grundlegende und unvorhergesehene Veränderung im Klimasystem gibt, so sind die meisten Wissenschaftler, die die Spuren untersucht haben, sich darin einig: Die Welt wird ein weiteres Eiszeitalter erleben. Aber wann? Hier sind die Geologen uneins. Einige sagen voraus, die gegenwärtige Interglaziale wird noch 50 000 Jahre dauern. Andere, nach deren Befund die Erde sich bereits seit einiger Zeit abkühlt, glauben, eine Eiszeit sei bereits im Kommen – bereits innerhalb der nächsten Jahrhunderte, was einer extremen Auffassung entspricht.

Bis zu einem gewissen Grad ist dieses Aufeinanderprallen von Meinungen nur ein Spiel mit Worten. Was definiert den Beginn einer Eiszeit? Wie ausgedehnt muß eine Eisdecke sein, und wie tief müssen die globalen Temperaturen fallen, ehe die Welt »offiziell« als in einer Eiszeit befindlich erklärt wird? Eine Definition wird durch die Fakten der Geographie kompliziert. Ein großer Teil von Grönland erlebt beispielsweise gegenwärtig eine Eiszeit. Wenn die Eisdecke Grönlands sich nur um ein Prozent ausdehnen sollte, so daß Häuser entlang der Küste zerstört würden, könnten die in jenen Häusern lebenden Familien durchaus folgern, eine Eiszeit habe begonnen. Zur gleichen Zeit aber könnte ein schottischer Fischer – selbst in besten Zeiten an schlechtes Wetter gewöhnt und weit entfernt von den in Grönland und Skandinavien sich langsam ausbreitenden Eisdecken – völlig nichtsahnend sein. Erst später, wenn auf dem Gipfel von Ben Nevis Eiskappen erschienen und die Heringsschwärme nach Süden abzögen, würde der schottische Fischer wahrscheinlich feststellen, daß die Zwischeneiszeit beendet wäre. Und viele weitere Jahrtausende würden vergehen, ehe die Felder von Zentraleuropa durch eine Polarwüste ersetzt und die Regenwälder Brasiliens dem Grasland weichen würden.

Das Problem der Definition einer Eiszeit ist etwas willkürlich auf der Grundlage von Ablagerungen des Pleistozän in Zentraleuropa gelöst worden. Hier sind vergangene Interglaziale leicht innerhalb von Zeitgrenzen zu plazieren. Sie beginnen abrupt mit dem Auftauchen breitblättriger Bäume und Wälder und enden, wenn Nadelwälder verschwinden und durch Grasland ersetzt werden. Nach allgemeiner Übereinstimmung wird deshalb eine Zwischeneiszeit des Pleistozän als der Zeitraum definiert, in dem Eichen und andere Laubbäume in Europa weit verbreitet sind. Der Tod dieser Eichenwälder ist es, der den Beginn einer Eiszeit signalisiert.

Auf der Grundlage dieser Definition begann die gegenwärtige Zwischeneiszeit – die Holozän-Epoche – vor etwa 10 000 Jahren. Das Problem der Voraussage, wann sie enden wird, kann man auf unterschiedliche Weise angehen. Eine Methode behandelt die geologischen Aufzeichnungen des Klimas statistisch und verwendet die bekannte Dauer früherer Interglazialen als Grundlage für die Schätzung der restlichen Dauer der gegenwärtigen Zwischeneiszeit. Eine Analyse von Tiefseekernen (Abb. 40) zeigt, daß keine Interglaziale des Pleistozän länger als etwa 12 000 Jahre gedauert hat und daß die meisten eine Lebensdauer von etwa 10 000 Jahren hatten. Statistisch gesehen liegt also die derzeitige Interglaziale in ihren letzten Zügen, dahinschwankend im fortgeschrittenen Alter von 10 000 Jahren, und ihr Ende kann innerhalb der nächsten 2 000 Jahre erfolgen.

Doch nur Versicherungsgesellschaften sind mit statistischen Voraussagen dieser Art zufrieden. Effektiver ist die Projizierung laufender Klimatrends in die Zukunft. Ein solcher Trend ist die langfristige Abkühlung, die als postglaziales Klima-Optimum bekannt ist, als die Temperaturen geringer waren und der Regen häufiger fiel als heute. Seit jener Zeit hat die Durchschnittstemperatur allmählich aber ständig abgenommen (Abb. 43). Wie weiter unten besprochen, sind kurze Episoden des Aufwärmens und Abkühlens – bekannt als kleiner Eiszeitzyklus – diesem allgemeinen Abkühlungstrend überlagert worden. Es kam zu einer Senkung der durchschnittlichen globalen Temperatur um 2 Grad Celsius. Die deutlichsten Anzeichen dieses Trends sind Veränderungen in den geographischen Verbreitungsgebieten von Tieren und Pflanzen. Spezies von Eichen und eßbaren Muscheln, die beispielsweise heute in Skandinavien völlig fehlen, gediehen dort vor 7000 Jahren. Andernorts in Europa haben Vegetationsgürtel sich entweder ständig weiter nach Süden bewegt oder sind auf geringere Höhen gedrängt worden. Sollte dieser Trend anhalten, würden die globalen Temperaturen in etwa 18 000 Jahren um etwa 6 °C fallen (Eiszeitniveaus).

Welche genaue Wirkung die aufgezeichnete Senkung der Durchschnittstemperatur um 2 °C auf die Kultur gehabt hat, ist schwer abzuschätzen. Es gibt aber überhaupt keinen Zweifel, daß der nachlassende Niederschlag – der in den meisten Gegenden die Abkühlung begleitete – deutliche Auswirkungen auf landwirtschaftliche Produktionsmuster gehabt hat und damit auch auf die Anlage menschlicher Siedlungen. Michael Sarnthein, ein deutscher Geologe, der eine weltweite Untersuchung der Beweise durchgeführt hat, folgert, daß die gesamte von Sandwüsten bedeckte Fläche seit dem Klima-Optimum bedeutend zugenommen hat. Die Regionen in Nordafrika zum Beispiel, die heute trocken und

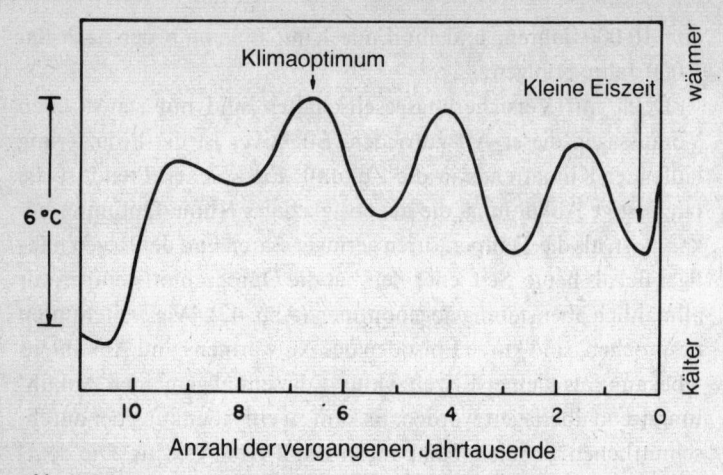

Abb. 43 Klima der letzten 10 000 Jahre. Diese Darstellung zeigt allgemeine Trends in der globalen Temperatur, wie sie aus geologischen Zeugnissen von Berggletschern und fossilen Pflanzen geschätzt wurden. Während des Klimaoptimums waren die Temperaturen um 2 °C wärmer als heute. Etwa vor 300 Jahren, in einer Klimaepisode, die als Kleine Eiszeit bekannt ist, waren die Temperaturen niedriger als heute.

ertraglos sind, erlebten während des Klima-Optimums ausreichende Niederschläge, um große Zivilisationen zu ermöglichen.

Ein Abkühlungstrend von viel kürzerer Dauer als 7000 Jahre wurde 1963 zuerst von J. Murray Mitchell, Jr., identifiziert. Indem er den Durchschnittswert von Thermometeranzeigen in einem weltweiten Netz von Wetterstationen errechnete, war Mitchell in der Lage, zu beweisen, daß das globale Klima sich seit 1940 abkühlt (Abb. 44). Nach seiner Feststellung ist die Durchschnittstemperatur der nördlichen Halbkugel in einem Zeitraum von 20 Jahren um etwa 0,3 °C gefallen. Sollte dieser Trend anhalten, so würden an vielen Orten die Durchschnittstemperaturen in nur 700 Jahren Eiszeitniveau erreichen. Lange vorher würden aber Veränderungen der Niederschlagsmenge vorhandene Formen der Nahrungsmittelerzeugung zerstören und drastische kulturelle Veränderungen herbeiführen. Wie Mitchell jedoch hervorhob, ist bei klimatischen

Trends nur eines sicher: Sie können sich umkehren – und tun es auch. Gegen Mitte der 1970er Jahre war es keineswegs klar, ob der 1940 begonnene Abkühlungstrend sich fortsetzen würde.

Die Fehlbarkeit von Klimavoraussagen, die nur auf kurzfristigen Trends basieren, wird von dem jährlichen Verlauf der Jahreszeiten einleuchtend demonstriert. Einige primitive Völker – in Unkenntnis der zyklischen Natur der Jahreszeitenfolge – wurden jedes Jahr erneut erschreckt, wenn sie einen viermonatigen Abkühlungstrend wahrnahmen, und sie entzündeten Feuer, um die Sonne zur Rückkehr zu ermutigen. Dieses Beispiel zeigt, daß das, was ein Beobachter als einen Trend wahrnimmt, nur die Phase eines Zyklus sein kann. Voraussagen, die nur auf beobachteten Trends basieren, sind deshalb nur dann von Wert, wenn man die dahintersteckenden Zyklen begreift. Und da bisher noch niemand in der Lage war, eine überzeugende Erklärung für Mitchells Trend zu liefern, unterliegen jene Untergangspropheten, die solche Daten zur Voraussage eines frühen Endes der gegenwärtigen Zwischeneiszeit heranziehen,

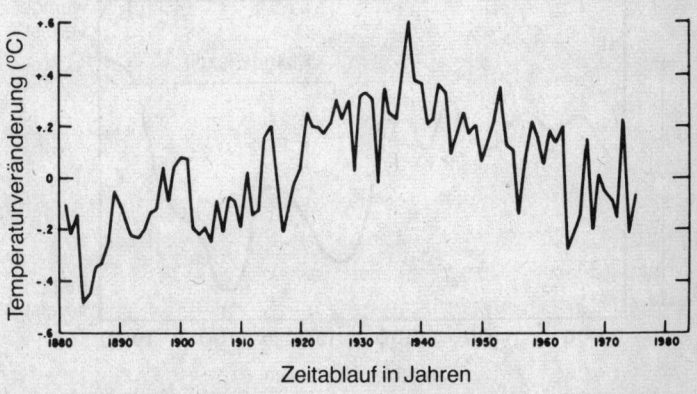

Abb. 44 Klima der letzten 100 Jahre. Diese Darstellung zeigt Veränderungen in der durchschnittlichen Jahrestemperatur der nördlichen Halbkugel. Seit 1939 haben sich die Durchschnittstemperaturen um etwa 0,6 Grad verringert (aus J. M. Mitchell, Jr., 1977a).

der Gefahr, den Fehler zu wiederholen, den vor vielen Jahrhunderten die Menschen mit ihren magischen Feuern machten.

Die Astronomische Theorie der Eiszeiten liefert eine Grundlage für die Voraussage des Verlaufs künftiger Klimate, die die Unsicherheiten vermeidet, welche den Voraussagen, basierend auf Trends, anhaften. Wie Abb. 41 zeigt, wird das Problem der Aufstellung einer solchen Voraussage durch die Tatsache kompliziert, daß Veränderungen in Exzentrizität und Neigung jetzt eine Abkühlung des Klimas bewirken – während der Präzessionszyklus das Klima wärmer werden läßt. Wie werden sich diese Wirkungen vereinen? Um das herauszufinden, haben der Verfasser und John Z. Imbrie eine mathematische Formel entwickelt, die das Volumen des globalen Eises direkt von André Bergers astronomischen Kurven ableitet. Dabei zeigt sich, daß der vor 7000 Jahren begonnene Abkühlungstrend sich in die Zukunft fortsetzen und in 23 000 Jahren zu einer maximalen Ausdehnung der Gletscher führen wird.

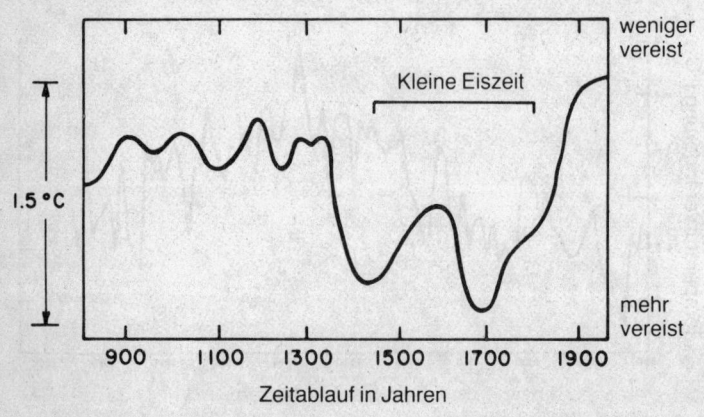

Abb. 45 Klima der letzten 1000 Jahre. Die Kurve ist eine Schätzung der Winterbedingungen in Osteuropa, zusammengetragen aus Manuskriptaufzeichnungen. In der Kleinen Eiszeit (1450-1850) rückten die Berggletscher auf der ganzen Welt weit über ihre heutigen Grenzen hinaus vor (nach H. H. Lamb, 1969).

Und doch wird der von der Astronomischen Theorie vorausgesagte langfristige Abkühlungstrend zweifelsohne durch Klimaschwankungen von viel kürzerer Dauer als der des Präzessionszyklus abgewandelt.

Solche Schwankungen sind bereits viele Male im Holozän eingetreten, und man hat allen Grund anzunehmen, daß ähnliche Ereignisse wieder eintreten werden. Die bekannteste dieser geringen Schwankungen ist die Kleine Eiszeit, die etwa von 1450 bis 1850 dauerte (Abb. 45). In dieser Zeitspanne von 400 Jahren dehnten sich die Talgletscher in den Alpen, in Alaska, Neuseeland und im schwedischen Lappland bis weit über ihre heutigen Grenzen hinaus aus, und Schnee bedeckte monatelang die hohen Berge Äthiopiens, wo er heute übrigens unbekannt ist (Abb. 46). Das globale Klima war allgemein 1 °C kühler als heute. Nach Herbert H. Lamb, der sich in alte Manuskripte und Logbücher vertiefte, um Stück für Stück die Geschichte der Kleinen Eiszeit zusammenzufügen, ist das Bild vom schlittschuhlaufenden Hans Brinker auf holländischen Kanälen eine genaue Wiedergabe jener strengen Winter, die das europäische Klima während der Kleinen Eiszeit charakterisierten.

In der Zwischenzeit hatten die Kolonisten in Neuengland Winter durchzustehen, die weitaus strenger waren als heute. Nach David M. Ludlum, der das Klima der Kolonialzeit erforscht hat, wurde der legendäre Winter, in dem Washingtons Truppen bei Valley Forge biwakierten, von zeitgenössischen Beobachtern tatsächlich als »bemerkenswert mild« angesehen. Und tatsächlich: Hätte Washington zwei Jahre später, im Winter 1779/80, bei Valley Forge sein Lager aufgeschlagen, wären die Leiden seiner Truppen sehr viel größer gewesen. Sogar nach Maßstab der Kleinen Eiszeit war dieser Winter »der härteste und schwierigste Winter ... der jemals einen lebenden Menschen heimsuchte«. Im Norden war der Hafen von New York fest zugefroren. Ludlum schreibt:

»Obwohl der Hudson wie auch der East River in alten Zeiten

Abb. 46 Der Argentière-Gletscher heute und im Jahr 1850. Oben: Auf einem Foto von 1966 ist der Gletscher als kleine Eiszunge im oberen Teil des Tales zu sehen. Unten: Ein Kupferstich von 1850 zeigt die Ausdehnung des Gletschers während der Ausgangsphase der Kleinen Eiszeit in den Französischen Alpen (aus L. Ladurie, 1971).

gewohnheitsmäßig von Zeit zu Zeit fest zufroren, war doch nichts bekannt davon, daß die gesamte Upper Bay für mehrere Tage erstarrte ... Spät im Januar gingen die Menschen den ganzen Weg von Staten Island bis Manhattan Island auf dem Eis, eine Entfernung von fünf Meilen (7,5 km) ... Schwere Lasten und sogar große Kanonen wurden über das Eis gezogen, um die britische Position auf Staten Island zu verstärken, die bis dahin Überfällen über das Eis durch Washingtons Außenposten in New Jersey ausgesetzt waren.«

Durch genaue Untersuchungen von Gletschermoränen haben George Denton und Wibjörn Karlén aufgezeigt, daß die Kleine Eiszeit ihren Höhepunkt etwa um 1700 hatte und das letzte von fünf ähnlichen Ereignissen des Holozän war: »Als Ganzes gesehen, erlebte demnach das Holozän abwechselnd Zeitspannen von sich ausdehnenden und zurückziehenden Gletschern, die wahrscheinlich dem breiten ... Abkühlungstrend überlagert waren. Ausdehnungsintervalle dauerten bis zu 900 Jahre und Rückzugsintervalle bis zu 1750 Jahre.« Die Daten dieser Gletschermaxima – vor etwa 250, 2800, 5300, 8000 und 10 500 Jahren – lassen weiter vermuten, daß ein Kleine-Eiszeit-Zyklus von ungefähr 2500 Jahren dem viel längeren Zyklus von Haupteiszeiten überlagert ist (Abb. 43).

Obwohl die Ursache des Kleine-Eiszeit-Zyklus unbekannt ist, gibt es doch einige Beweise, die auf eine Beziehung zu Variationen der Sonne hinweisen. Was immer die Ursache sein mag, der von Denton und Karlén entdeckte Zyklus muß in Betracht gezogen werden, wenn eine Voraussage des zukünftigen Klimas getroffen werden soll. Bewertet im Sinne der Veränderungen der Durchschnittstemperatur, besitzt der Zyklus kleiner Eiszeiten etwa ein Zehntel der Wirkung des Zyklus großer Eiszeiten. Veränderungen im höheren Frequenzzyklus geschehen viel schneller als jene aufgrund von Orbitalveränderungen. Wenn Denton und Karlén recht haben, wird die Aufwärmwirkung des gegenwärtigen Zyklus (die um das Jahr 1700 spürbar zu werden begann) bald die Abkühlwirkung des astronomischen Zyklus aufheben und die Temperatur in den nächsten 1000 Jahren ansteigen lassen. Zu dem Zeitpunkt werden der astronomisch getriebene Zyklus und der Kleine-Eiszeit-Zyklus ihre Kräfte vereinen und einen langen Abkühlungstrend einleiten, der einen Höhepunkt in 23 000 Jahren erreichen wird.

Die heutige Kenntnis des *natürlichen* Klimazyklus läßt folgende Voraussage zu: 1000 Jahren der Aufwärmung folgen 22 000 Jahre der Abkühlung. Diese Voraussage berücksichtigt jedoch nicht die Einwirkung einer »unnatürlichen« Kraft. J. Murray Mitchell, Jr., schreibt:

»Bliebe die Natur sich selbst überlassen, ohne Störung durch den Menschen, so glaube ich, daß das zukünftige Klima sich viele Male abwechselnd aufwärmen und abkühlen wird, ehe es sich wirklich deutlich zur nächsten Eiszeit verschiebt... Wegen der Anwesenheit des Menschen auf der Erde mag jedoch das, was wirklich in künftigen Jahrzehnten und Jahrhunderten geschieht, einem anderen Drehbuch folgen; zuerst nur unmerklich abweichend, doch später ganz bedeutend. Es ist wahrscheinlich, daß der Industriemensch bereits begonnen hat, auf das globale Klima einzuwirken, obwohl dies durch direkte Beobachtung kaum zu beweisen ist... Wenn der Mensch aber mit seinem immer weiter wachsenden Verbrauch von Energie fortfährt und bei dem Prozeß weitere Verschmutzung in die globale Atmosphäre abgibt, vergehen vielleicht nicht mehr viele Jahre oder Jahrzehnte, bis seine Einwirkung den Störpegel der natürlichen Klimavariabilität durchbricht und deutlich spürbar wird.«

Wenn auch viele menschliche Aktivitäten das Klima beeinflussen (z.B. Landwirtschaft, Bewässerung, Rodung von Wäldern, Urbanisierung und damit zusammenhängend Ausstoß von Wärme und Rauch), so ist doch die bei weitem größte Einwirkung auf das Klima eine Folge der Verbrennung fossiler Brennstoffe und der sie begleitenden Erzeugung von Kohlendioxydgas. Dieser Schadstoff ist das unvermeidbare Produkt bei der Verbrennung aller Hydrokarbon-Brennstoffe wie Kohle, Öl, Benzin, Erdgas, Methan, Propan und einer Vielzahl geringerer Brennstoffe. Da das Kohlendioxyd in der Atmosphäre wie eine Heizdecke wirkt, wird das unausbleibliche Ergebnis des Verbrauchs fossiler Brennstoffe ein weltweiter Anstieg der Durchschnittstemperatur sein (Abb. 47).

»Wenn sich unsere Gesellschaft noch sehr lange auf fossile Brennstoffe stützt, um ihren Energiebedarf zu decken«, schreibt Mitchell, »werden die Folgen für das Klima wahrscheinlich bis zum Ende dieses Jahrhunderts spürbar, sie werden aber erst weit im nächsten Jahrhundert zu einem ernsten Problem.«

Aus geologischer Perspektive betrachtet, ist es wahrscheinlich, daß der Verbrauch des Großteils der auf der Welt bekannten fossilen Brennstoffvorräte den Planeten in eine »Superinterglaziale« stürzen würde, die in der letzten Million Jahre ohne Beispiel wäre. Außerdem würde die Wirkung des Kohlendioxyds 1000 oder mehr Jahre nach der Einstellung des Gebrauchs fossiler Brennstoffe andauern, denn die Atmosphäre würde so lange brauchen, um den Kohlendioxyd-Überschuß wieder abzusetzen. Obwohl es schwierig ist, die genauen Folgen einer solchen Superinterglaziale abzuschätzen, kommt Mitchell zu dem Schluß, daß »1000 Jahre ungewöhnlich warmen Klimas wahrscheinlich ein wesentliches Abschmelzen der Eiskapppen von Grönland und der Antarktis als Ergebnis zeitigen und auf der ganzen Welt ein derartiges Ansteigen der Meeresspiegel bewirken würden, daß viele unserer Populationszentren an den Küsten und viel produktives Ackerland untergehen müßten«. In einigen Regionen würde aber ein wärmeres Klima deutlichen Nutzen bringen. Wüsten in Nordafrika und im Mittleren Osten könnten wieder blühen, wie sie es vor 7000 Jahren im Klima-Optimum schon taten.

Angenommen, der Schock der Superinterglaziale bewirkte keine grundlegende Veränderung im Klimasystem der Erde, so würde die Atmosphäre sich schließlich von dem Kohlendioxyd-Überschuß befreien. Dann würden die langfristigen Abkühlungszyklen

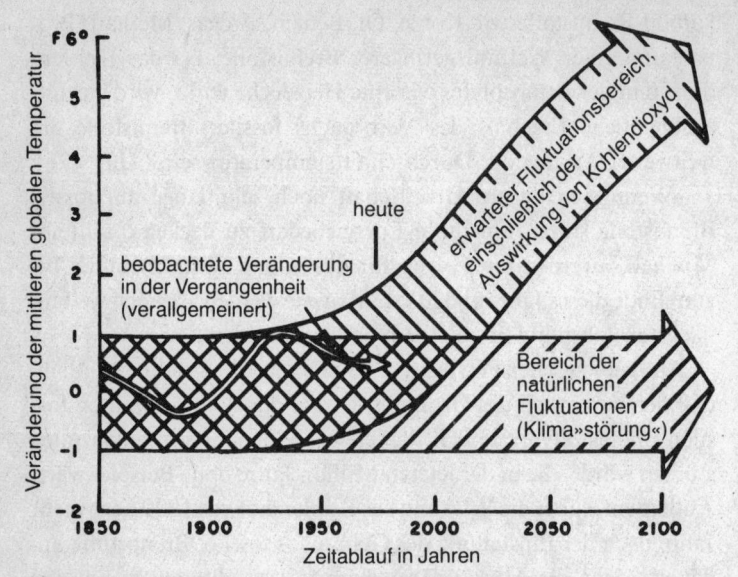

Abb. 47 Klimavoraussage bis zum Jahr 2100. Seit 1850 hat die globale Durchschnittstemperatur (als weiße Linie gezeigt) über einen Bereich von etwa 2 Grad Fahrenheit fluktuiert. In den nächsten zwei Jahrhunderten werden die Temperaturen sich wahrscheinlich erhöhen, und zwar aufgrund eines zu erwartenden Anstiegs von Kohlendioxyd in der Atmosphäre. Diese Auswirkung wird vielleicht nicht vor dem Jahr 2000 offenkundig. Danach könnte die Aufwärmung jedoch dramatisch werden (aus J. M. Mitchell, Jr., 1977b).

– angetrieben von Veränderungen in der Umlaufbahn der Erde und der Abkühlungsphase des Kleine-Eiszeit-Zyklus – sich wieder bemerkbar machen (Abb. 48). Ungefähr in 2000 Jahren würde ein deutlicher Abkühlungstrend beginnen. Nach etwa weiteren 1000 Jahren würden die nordafrikanischen Wüsten wieder trocken werden, die Eichenwälder würden aus Zentraleuropa verschwinden und die längste nachgewiesene Interglaziale des Pleistozän wäre beendet. Das globale Klima würde dann eine lange Abwärtsbewegung durchmachen, bis die Erde sich in 23 000 Jahren wieder einmal in den Tiefen einer neuen Eiszeit befinden würde.

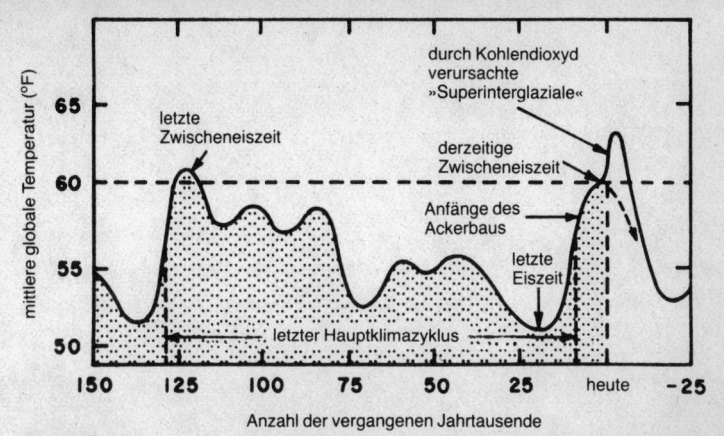

Abb. 48 Klimavoraussage für die nächsten 25 000 Jahre. Nach der Astronomischen Theorie der Eiszeiten wäre der natürliche Verlauf des künftigen Klimas (die gestrichelte Linie) ein Abkühlungstrend, der in 23 000 Jahren zu vollen Eiszeitbedingungen führen würde. Der Aufwärmeeffekt von Kohlendioxyd könnte aber sehr wohl eine »Superinterglaziale« dazwischenschieben, in der die mittleren globalen Temperaturen Pegel erreichten, die mehrere Grade höher lägen als alle, die jemals in der letzten Million Jahre erlebt wurden. In diesem Fall würde der Beginn eines Abkühlungstrends, der zur nächsten Eiszeit führt, verzögert, bis die Aufwärmung in vielleicht 2000 Jahren ihren Zyklus beendet hat (modifiziert aus W. S. Broecker, 1975, und J. M. Mitchell, Jr., 1977b).

EPILOG
DIE LETZTE MILLIARDE JAHRE DES KLIMAS

Dieses Buch hat sich mit der Klimageschichte der letzten halben Million Jahre befaßt. In diesem Zeitraum unterlagen die großen Eisdecken des Pleistozän periodischen Ausdehnungen und Rückzügen, wenn die Erde in eine Folge von Eiszeiten und Zwischeneiszeiten eintrat und sie verließ. Obwohl die Zwischeneiszeiten des Pleistozän relativ warm waren, existierten doch wesentliche Massen von ewigem Eis in den Polarregionen, und zwar sogar in den wärmsten vorherrschenden Klimasystemen – auf dem Kontinent der Antarktis, Grönlands und in den Oberflächengewässern des Arktischen Ozeans.

Wenn wir auf eine viel längere Zeitspanne zurückblicken, so entdecken wir, daß nur dreimal in der letzten Milliarde Jahre die Polarregionen von Eisdecken überzogen waren, deren Größe mit jenen vergleichbar wäre, die in der letzten halben Million Jahre gefunden wurden. In Abb. 49 sind diese langen Zeiträume als Eiszeiten identifiziert. In jeder Eiszeit häufte sich Eis an den Polen an, und die Kontinente waren wiederholt vergletschert. Die erste dieser Perioden wiederholter Vergletscherung trat in der späten präkambrischen Zeit vor etwa 700 Millionen Jahren ein. Der zweite Zeitraum von Vergletscherung, bekannt als Permo-Karbon-Eiszeit, trat vor ungefähr 300 Millionen Jahren ein. Die gegenwärtige (oder spätkänozoische) Eiszeit begann vor etwa zehn Millionen Jahren.

Warum genau die Erde in diese langen Perioden wiederholter kontinentaler Vergletscherung eintrat und sie wieder verließ, ist nicht klar, aber man kann einleuchtende Gründe dafür vorbringen, daß diese Klimaveränderungen von der Kontinentaldrift verursacht wurden – jenem Vorgang, der eine langsame, aber fortdauernde Veränderung in der geographischen Position der Kontinente bewirkt. Nach dieser Theorie sammelt sich eine instabile Masse von

Eis in höheren Breitengraden an, sobald ein wesentlicher Teil der Weltlandmasse sich in der Nähe der Pole befindet. Im allgemeinen passen die Fakten über die Permo-Karbon-Vergletscherung in diese Theorie, denn in jenen fernen Zeiten waren die Landmassen der Erde in einem einzigen Superkontinent, bekannt als Pangaea, vereinigt. Obwohl das Zentrum von Pangaea auf dem Äquator lag, schloß seine südlichste Spitze den Südpol ein. Die vergletscherten Gebiete – Brasilien, Argentinien, Südafrika, Indien, Antarktis und Australien – lagen damals in hohen südlichen Breiten. In den 200 Millionen Jahren, die der Permo-Karbon-Eiszeit folgten, kehrte die Erde in ein nichtvereistes Zeitalter zurück und war häufig wärmer als heute. Dieser Zustand ergab sich anscheinend aus einer Nordwärtsbewegung von Pangaea, so daß seine Südspitze den Südpol nicht mehr einschloß. Dann, etwa vor 55 Millionen Jahren, begann das globale Klima einen langen Abkühlungstrend, der bis in die Gegenwart angehalten hat. Dieser Trend hängt mit einem allmählichen Auseinanderbrechen von Pangaea in die heute bekannten getrennten Kontinente zusammen. Die Antarktis trennte sich von Australien und verschob sich langsam nach Süden in ihre heutige Position, mit dem Zentrum über dem Südpol.

Zur gleichen Zeit bewegten sich die Kontinente von Nordamerika und Eurasien in Richtung auf den Nordpol. Als mehr und mehr Land sich in hohen Breitengraden der Polhalbkugeln konzentrierte, steigerte sich die Rückstrahlungskapazität der Oberflächen, und das Klima kühlte sich ab. Vor etwa zehn Millionen Jahren tauchten in Alaska und anderswo im hohen Norden Berggletscher auf. Die neue Klimaperiode wurde aber noch dramatischer auf der südlichen Halbkugel empfunden, wo die antarktische Eisdecke schnell auf ungefähr die Hälfte des heutigen Volumens anwuchs und zu einem dauernden Merkmal der gegenwärtigen Eiszeit wurde. Vor etwa fünf Millionen Jahren dehnte sich die antarktische Eiskappe noch einmal aus und war möglicherweise größer als heute.

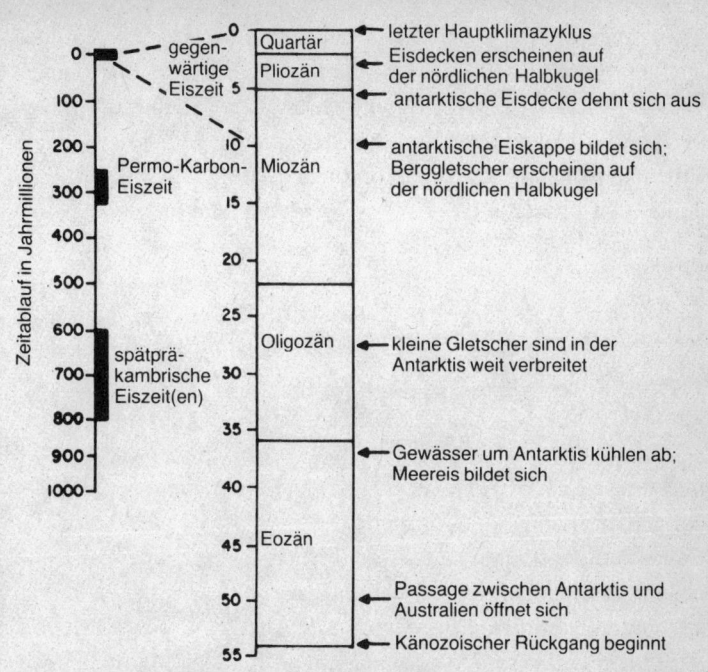

Abb. 49 Die letzte Milliarde Jahre des Klimas. Zeitspannen, in denen Eisdecken in den Polarregionen vorkamen, sind links als Eiszeiten angegeben. Rechts ist ein Umriß bedeutsamer Ereignisse im känozoischen Klimarückgang aufgeführt.

Vor drei Millionen Jahren tauchten zum erstenmal kontinentale Eisdecken auf der nördlichen Hemisphäre auf, wo sie die Gebiete, die am nordatlantischen Ozean lagen, bedeckten. Nach ihrer Bildung waren sie anscheinend empfindlich gegenüber astronomischen Veränderungen – und es begann eine lange und komplizierte Reihe von Fluktuationen. Bisher war es nicht möglich, die Frühgeschichte dieser Fluktuationen in Einzelheiten zu analysieren. Aber Zyklen von 100 000, 41 000 und etwa 22 000 Jahren prägen deutlich die Klimaaufzeichnung der jüngsten halben Million Jahre. Um diese Zyklen handelt es sich bei der Erklärung durch die Astronomische Theorie der Eiszeiten.

ANHANG

Chronologie der Entdeckungen

1815 Jean-Pierre Perraudin, ein Bergbewohner aus dem Schweizer Val de Bagnes, gewinnt die Überzeugung, daß die Alpengletscher sich früher weit über ihre heutigen Grenzen hinaus erstreckten.

1818 Ignace Venetz, ein im Val de Bagnes arbeitender Straßenbauingenieur, trifft Perraudin und wird durch dessen Argumente überzeugt, daß einige Alpengletscher sich früher mindestens fünf Kilometer weit über ihre heutigen Grenzen hinaus erstreckten.

1836 Bei Ausflügen in den Alpen überzeugen Jean de Charpentier und Ignace Venetz Louis Agassiz davon, daß viele Landschaftsmerkmale im Flachland von Gletschern geformt worden sein müssen.

1837 Louis Agassiz gibt auf einer Versammlung der Schweizer Gesellschaft für Naturwissenschaften in Neuchâtel seine Theorie einer großen Eiszeit bekannt.

1839 Timothy Conrad benützt Agassiz' Gletschertheorie, um oberirdische Ablagerungen von Sedimenten in den Vereinigten Staaten zu erklären.

1840 Louis Agassiz überzeugt William Buckland davon, daß oberirdische Ablagerungen in Britannien ihren Ursprung in Gletschern haben. Kurz danach überzeugt Buckland Charles Lyell.

1841 In Schottland behauptet Charles Maclaren, der Pegel des Meeres müsse in einer Eiszeit 800 Fuß (etwa 270 Meter) tiefer als heute gelegen haben.

1842 In Frankreich stellt Joseph Adhémar eine astronomische Theorie der Eiszeiten auf, die auf der Präzession der Tag-und-Nacht-Gleichen basiert.

1843 Der französische Astronom Urbain Leverrier entwickelt Formeln zur Berechnung vergangener Veränderungen in der Umlaufbahn der Erde und rekonstruiert die Orbitalgeschichte der letzten 100 000 Jahre.

1863 Archibald Geikie sammelt genügend Beweise, um die meisten Geologen davon zu überzeugen, daß oberirdische Ablagerungen in Schottland Gletscherursprung haben.

1864 In Schottland veröffentlicht James Croll eine astronomische Theorie der Eiszeiten, die auf der Präzession der Tag-und-Nacht-Gleichen und auf Veränderungen in der Bahnexzentrizität basiert.

1865 Unter Verwendung von Nachweisen alter schottischer Küstenlinien behauptet Thomas Jamieson, das Gewicht pleistozäner Eisdecken sei ausreichend gewesen, um die darunterliegenden Landmassen zusammenzupressen.

1870 In Amerika demonstriert Grove Gilbert, daß der Große Salzsee der Überrest eines weitaus größeren Sees ist, der in der letzten Eiszeit dieses Gebiet bedeckte.

Nach Erforschung der Wüsten von Zentralasien kommt Ferdinand Baron von Richthofen zu dem Schluß, daß die Ablagerungen von gelblichem Löß, wie er in nichtvergletscherten Regionen von Europa, Nordamerika und Südamerika gefunden wurde, in der letzten Eiszeit durch Wind abgelagert wurde.

1871 Amos Worthen demonstriert, daß in Illinois mehr als eine Eiszeit zu verzeichnen war.

1874 James Geikie, Mitarbeiter im »Geological Survey« von Schottland, veröffentlicht eine Informationssynthese über Eiszeiten des Pleistozän.

1875 Wissenschaftler an Bord von »H.M.S. Challenger« kehren von ihrer bahnbrechenden ozeanographischen Expedition mit umfangreichen Informationen über Tiefseeablagerungen zurück.

1894 James Geikie, Professor der Geologie an der Universität von Edinburgh, weitet seine Zusammenfassung der Pleistozän-Geschichte so stark aus, daß sie Gletscherkarten von Nordamerika, Europa und Asien einschließt.

Professor James Dana von der Yale-Universität lehnt Crolls Astronomische Theorie mit der Begründung ab, die letzten amerikanischen Eisdecken seien vor 10 000 und nicht vor 80 000 Jahren verschwunden.

1904 In Deutschland berechnet Ludwig Pilgrim, wie Exzentrizität, Neigung und Präzession der Erdbahn in der letzten Million Jahre variierten.

1906 Bernhard Brunhes findet in französischen Lavaströmen den Beweis, wonach die Richtung des Magnetfelds der Erde sich verändert hat.

1909 Albrecht Penck und Eduard Brückner benützen Beobachtungen an Alpenflußterrassen, um die Aufeinanderfolge von Pleistozän-Eiszeiten zu rekonstruieren.

1920 Der jugoslawische Mathematiker Milutin Milankovich veröffentlicht Formeln zur Berechnung der Intensität der einfallenden Sonnenstrahlung als Funktion von geographischer Breite und Jahreszeit; er stellt fest, die gleichen Berechnungen könnten für vergangene Zeiten durchgeführt werden; und er behauptet, die klimatischen Auswirkungen von Veränderungen in der Einstrahlung würden für die Entstehung von Eiszeiten ausreichen.

1924 In Deutschland veröffentlichen Wladimir Köppen und Alfred Wegener die drei von Milankovich berechneten Kurven, die die Grundlage seiner Theorie der Eiszeiten bilden. Die Kurven zeigen, wie die Sommereinstrahlung auf den nördlichen Breiten 55, 60 und 65 Grad als Funktion der Zeit in den letzten 650 000 Jahren variierte.

1929 Motonori Matuyama findet in Japan und Korea Beweise dafür, daß das Magnetfeld der Erde sich irgendwann in der Pleistozän-Epoche umgekehrt hat.

1930 Barthel Eberl erweitert das Schema der von Plenck und Brückner entwickelten Pleistozän-Geschichte und stellt fest, daß die geologischen Nachweise in Alpenterrassen sich mit der Strahlungschronologie von Milankovich decken.

1935 Wolfgang Schott entdeckt einen paläontologischen Nachweis der letzten Eiszeit in kurzen Kernen, die von der deutschen »Meteor«-Expedition von 1925 bis 1927 vom Boden des äquatorialen Atlantischen Ozeans geborgen wurden.

1938 Milutin Milankovich veröffentlicht die endgültige Version seiner Astronomischen Theorie der Eiszeiten. Als Hauptursache werden Schwankungen in der Sommereinstrahlung auf hohen Breitengraden der beiden Halbkugeln identifiziert – Schwankungen, die sich in erster Linie aus Variationen in der Achsenneigung (41 000-Jahr-Zyklus) ergeben, die aber auch die Wirkung der Präzession von Tag- und-Nacht-Gleichen (22 000-Jahr-Zyklus) einschließen. Unter Berücksichtigung der Reflexionskraft der Erde berechnet er auch, wie die geographischen Positionen der Ränder der Eisdecken in der letzten Million Jahre variierten.

1947 An der Universität von Chicago veröffentlicht Harold Urey die theoretische Grundlage der Sauerstoffisotop-Methode.
In Schweden erfindet Björe Kullenberg eine Kernbohrvorrichtung mit Saugkolben, die von der schwedischen Tiefsee-Expedition (1947-1948) verwendet wird, um lange Proben von Tiefseesediment zu gewinnen.
1951 Willard Libby entwickelt die Radiokarbon-Datierungsmethode an der Universität von Chicago.
Samuel Epstein und seine Kollegen entwickeln an derselben Universität ein Verfahren zur Berechnung frühzeitlicher Ozeantemperaturen, das auf Ureys Isotoptheorie basiert.
1952 Am Scripps-Institut für Ozeanographie zeigt Gustaf Arrhenius, daß die Schwankungen in der chemischen Zusammensetzung von Tiefseekernen, die von der schwedischen Expedition aus dem Pazifik geborgen wurden, ein Nachweis für sich verändernde Klimate sind.
David Ericson und seine Kollegen vom Lamont »Geological Observatory« der Columbia-Universität entwickeln Verfahren zur Erkennung von Schlammstromschichten in Tiefseesedimenten.
1953 Ingo Schaefer findet im Kies von Alpenterrassen Fossilien, die darauf hinweisen, daß die von Penck und Brückner rekonstruierte Folge von Eis- und Zwischeneiszeiten nicht gültig ist.
Fred Phleger und seine Kollegen am Scripps-Institut für Ozeanographie finden in Kolbenkernen vom Grund des Atlantik paläontologischen Nachweis für neun Eiszeiten.
1955 An der Universität von Chicago entdeckt Cesare Emiliani, daß Fluktuationen in der Sauerstoffisotop-Zusammensetzung von Forams in Tiefseekernen wenigstens sieben Eiszeit- und sieben Zwischeneiszeitstufen nachweisen, und schätzt die Dauer des Hauptklimazyklus auf etwa 40 000 Jahre.
1956 John Barnes und seine Kollegen vom »Los Alamos Scientific Laboratory« entwickeln die Thorium-Methode zur Datierung fossiler Korallen.
David Ericson und Goesta Wollin deuten Veränderungen in der Spezieszusammensetzung von Forams in Tiefseekernen als Nachweis für Schwankungen im Pleistozän-Klima.
1961 George Kukla und Vojen Ložek von der Tschechischen Akademie der Wissenschaften demonstrieren, daß die Aufeinanderfolge von Erdkrume und Löß in den nichtvergletscherten Regionen Zentraleuropas genaue Aufzeichnungen von Pleistozän-Klimaten enthalten.
1963 Allan Cox und seine Kollegen am US Geological Survey demonstrieren die Synchronität magnetischer Umkehrungen und konstruieren eine paläontologische Zeitskala.

1964 Am Scripps-Institut für Ozeanographie finden Christopher Harrison und Brian Funnel die Brunhes-Matuyama-Magnetumkehr in Tiefseekernen.
Garniss Curtis, Jack Everden und ihre Kollegen von der Universität von Kalifornien demonstrieren, daß die Kalium-Argon-Methode zuverlässige Altersbestimmungen für Ereignisse im Pleistozän ergibt.

1965 Am Lamont Geological Observatory benutzt James Hays fossile Radiolarien zur Kontrolle der Pleistozän-Geschichte des Antarktischen Ozeans.
Wallace Broecker vom Lamont Observatory behauptet, die Milankovich-Theorie sei durch 80 000- und 120 000-Jahr-Thoriumdaten für interglaziale Meerhöhen gestützt.

1966 Cesare Emiliani, nunmehr am »Institute of Marine Science« der Universität von Miami tätig, analysiert einen langen Tiefseekern (P 6304-9) aus der Karibik, der mit seiner Folge von Isotopstufen bis hinab in Stufe 17 reicht; er entwickelt eine revidierte Zeitskala, die impliziert, daß der Hauptklimazyklus etwa 50 000 Jahre dauert.
Robert Matthews und Kenneth Mesolella von der Brown-Universität beweisen, daß die Terrassen auf der Insel Barbados von frühzeitlichen Korallenriffen gebildet wurden. Jedes Riff ist demnach der Nachweis einer interglazialen Meereshöhe.

1967 In Cambridge präsentiert Nicholas Shackleton Beweise, wonach Variationen im Sauerstoffisotop-Verhältnis in Tiefseekernen Schwankungen im Gesamtvolumen der Eisdecken reflektieren.
Geoffrey Dockson, an Bord des Lamont-Schiffes »R. V. Robert Conrad«, birgt den Kern RC 11-120 vom Grund des südlichen Indischen Ozeans.
Am Lamont Geological Observatory verwenden James Hays und Neil Opdyke magnetische Umkehrungen, um klimatische Ereignisse in Tiefseekernen aus dem Antarktischen Ozean zu datieren.

1968 Wallace Broecker, Robley Matthews und ihre Kollegen von den Universitäten Columbia und Brown berichten von Thoriumdaten aus drei Korallenriff-Terrassen auf Barbados, die mit interglazialen Episoden übereinstimmen, die durch eine revidierte Version der Milankovich-Theorie vorausgesagt wurden.
George Kukla und seine Kollegen von der Tschechischen Akademie der Wissenschaften verwenden die paläomagnetische Zeitskala, um zu demonstrieren, daß die in europäischen Erden aufgezeichnete Hauptklimafluktuation ein 100 000-Jahr-Zyklus ist.

1970 Wallace Broecker und Jan van Donk demonstrieren, daß der in Karibikkernen isotopisch nachgewiesene Hauptklimazyklus ein 100 000-Jahr-Zyklus ist.

1971 William Ruddiman vom »US Naval Oceanographic Office« verwendet die paläomagnetische Zeitskala, um zu zeigen, daß Veränderungen in den Strömungen des Atlantik mit dem 100 000-Jahr-Zyklus korrelieren.
John Ladd, an Bord des Lamont-Schiffes »R. V. Vema«, birgt den Kern V 28-238 vom Grund des westlichen äquatorialen Pazifischen Ozeans.
James Hays (vom Lamont-Doherty-Observatorium) und William Berggren (vom Woods-Hole-Institut für Ozeanographie) korrelieren die Pleistozän-Pliozän-Grenze mit dem Oldoway-Magnetereignis und stellen damit fest, daß die Pleistozän-Epoche etwa 1,8 Millionen Jahre gedauert hat.
Norman Watkins, an Bord des Schiffes »R. V. Eltamin« der »National Science Foundation« birgt den Kern E 49-18 vom Grund des südlichen Indischen Ozeans.
An der Brown-Universität entwickeln John Imbrie und Nilva Kipp eine statistische Methode zur Schätzung der Temperatur pleistozäner Ozeane aus einer Zählung mikrofossiler Spezies; sie verwenden eine Spektralanalyse von Fauna- und Isotopendaten aus dem Karibikkern V 12-122 in einem erfolglosen Versuch, Klimazyklen aufzuspüren, die mit Variationen in Neigung und Präzession korrespondieren.
Mitglieder des CLIMAP-Projektes der »National Science Foundation« beginnen aus Tiefseekernen eine globale Aufzeichnung von Pleistozän-Klima herauszuziehen.

1972 Anandu Vernekar von der Universität von Maryland berechnet, wie die Geometrie der Erdbahn und die Intensität einfallender Sonnenstrahlung als Funktion der Zeit im Lauf der letzten zwei Millionen sowie der kommenden 100 000 Jahre variieren.
Nicholas Shackleton (von der Cambridge-Universität) und Neil Opdyke (von der Columbia-Universität) liefern eine Zeitskala für klimatische Ereignisse der letzten 700 000 Jahre, indem sie isotopische und magnetische Erkenntnisse aus dem Pazifikkern V 28-238 korrelieren; sie erweitern die Anzahl der Sauerstoffisotopen-Stufen auf 22; sie demonstrieren, daß Variationen im Sauerstoffisotop-Verhältnis Veränderungen im Gesamtvolumen der Eisdecken reflektieren.

1975 George Kukla, nunmehr am Lamont-Doherty Geological Observatory, faßt Beweise zusammen, die demonstrieren, daß die von Penck und Brückner entwickelte und von Eberl erweiterte Folge von Glazialen und Interglazialen nicht gültig ist.
1976 Indem sie eine Spektralanalyse der Kerne RC 11-120 und E 49-18 aus dem Indischen Ozean ausführen, stellen die CLIMAP-Forscher James Hays, John Imbrie und Nicholas Shackleton fest, daß in den letzten 500 000 Jahren größere Klimaveränderungen auf Schwankungen in der Neigung der Erde und in der Präzession folgten – wie es von der Astronomischen Theorie der Eiszeiten vorausgesagt wurde.

EMPFOHLENER LESESTOFF

Bryson, R. A. und T. J. Murray, 1977, Climates of Hunger (Klimate des Hungers), Univ. Wisconsin Press, Madison.
Calder, N., 1974, The Weather Machine (Die Wettermaschine), British Broadcasting Corp., London.
Eiseley, L., 1958, Darwin's Century (Das Jahrhundert Darwins), Doubleday, Garden City, New York.
Fagan, B. M., 1977, People of the Earth (Die Menschen der Erde), Little, Brown & Co., Boston.
Gillispie, C. C., 1951, Genesis and Geology: The Impact of Scientific Discoveries Upon Religious Beliefs in the Decades Before Darwin (Genesis und Geologie: Die Wirkung wissenschaftlicher Entdeckungen auf religiöse Überzeugungen in den Jahrzehnten vor Darwin), Harper and Brothers, New York.
Ladurie, E. L., 1971, Times of Feast, Times of Famine: a History of Climate Since the Year 1000 (Zeiten des Schlemmens, Zeiten der Not: eine Geschichte des Klimas seit dem Jahr 1000), (übersetzt von Barbara Bray), Doubleday, New York.
Lamb, H. H., 1966, The Changing Climate: Selected Papers (Das sich wandelnde Klima: Ausgewählte Abhandlungen), Methuen, London.
Ludlum, D., 1966, Early American Winters: 1604–1820 (Frühe amerikanische Winter: 1604–1820), American Meteorological Society, Boston.
Lurie, E., 1960, Louis Agassiz: a Life in Science (Louis Agassiz: Ein Leben für die Wissenschaft), Univ. Chicago Press, Chicago.
Schneider, S. H., mit L. E. Mesirow, 1976, The Genesis Strategy (Die Genesis-Strategie), Dell, New York.
Sparks, B. W. und R. G. West, 1972, The Ice Age in Britain (Die Eiszeit in Britannien), Methuen, London.
Sullivan, Walter, 1974, Continents in Motion (Kontinente in Bewegung), McGraw-Hill, New York.

LITERATURVERZEICHNIS

Adhémar, J. A., 1842, Révolutions de la mer, Privatausgabe, Paris.

Adie, R. J., 1975, Permo-Carboniferous glaciation of the southern hemisphere (Vergletscherung der südlichen Hemisphäre im Perm-Karbon), in: Ice ages: ancient and modern, (A. E. Wright und F. Moseley, Hrsg.), Seel House, Liverpool, S. 287-300.

Agassiz, L., 1840, Etudes sur les glaciers, Privatausgabe, Neuchâtel.

Andrews, J. T., 1974, Glacial isostasy, Dowden, Hutchinson und Ross, Stroudsburg.

Angelich, T. P., 1959, Milutin Milankovich, Archives internationales d'histoire des sciences, 12, S. 176-178.

Arrhenius, G., 1952, Sediment cores from the East Pacific (Sedimentkerne aus dem Ostpazifik), Swedish Deep-Sea Expedition (1947-1948) Reports, 5, Elander, Göteborg, S. 1-207.

Barnes, J. W. und H. A. Potratz, 1956, Ratio of ionium to uranium in coral limestone (Das Verhältnis von Ionium zu Uran in Kalkstein von Korallen), Science, 124, S. 175-176.

Berger, A., 1977(a), Support for the astronomical theory of climatic change (Unterstützung für die Astronomische Theorie der Klimaveränderung), Nature, London, 269, S. 44-45.

Berger, A., 1977(b), Long-term variation of the earth's orbital elements (Langzeitschwankung der Erdbahnelemente), Celestial Mech., 15, S. 53-74.

Bernhardi, R., 1832, An hypothesis of extensive glaciation in prehistoric time (Eine Hypothese ausgedehnter Vergletscherung in vorgeschichtlicher Zeit), in: Source book in geology, (K. T. Mather und S. L. Mason, Hrsg.), McGraw-Hill, New York, 1939, S. 327-328.

Bloom, A. L., W. S. Broecker, J. M. A. Chappell, R. K. Matthews, K. J. Mesolella, 1974, Quaternary sea level fluctuations on a tectonic coast (Meereshöhenfluktuationen im Quartär an einer tektonischen Küste), Quaternary Research, 4, S. 185-205.

Broecker, W. S., 1965, Isotope geochemistry and the Pleistocene climatic record (Isotopengeochemie und der Klimanachweis des Pleistozän), in: The Quaternary of the United States, (H. E. Wright, Jr. und D. G. Frey, Hrsg.), Princeton Univ. Press, Princeton, S. 737-753. Diese Quelle wurde weitgehend beim Schreiben von Kap. 12 benutzt.

Broecker, W. S., 1975, Climatic change: are we on the brink of a pronounced global warming? (Klimaveränderung: Stehen wir an der Schwelle einer deutlichen globalen Erwärmung?), Science, 189, S. 460-463.

Broecker, W. S., D. L. Thurber, J. Goddard, T. Ku, R. K. Matthews und

K. J. Mesolella, 1968, Milankovich hypothesis supported by precise dating of coral reefs and deep-sea sediments, Science, 159, S. 1-4.

Broecker, W. S. und J. van Donk, 1970, Insolation changes, ice volumes, and the O^{18}-record in deep-sea cores (Veränderungen der Sonneneinstrahlung, Eisvolumen und die O^{18}-Aufzeichnung in Tiefseekernen), Reviews of Geophysics and Space Physics, 8, S. 169-197.

Brunhes, B., 1906, Recherches sur la direction d'aimantation des roches volcaniques (Erforschung der Magnetisierungsrichtung in Vulkangestein), Journal de Physique Théorique et Appliquée, Series 4, 5, S. 705-724.

Calder, N., 1974, Arithmetic of ice ages (Arithmetik der Eiszeiten), Nature, London, 252, S. 216-218.

Carozzi, A. V., (Hrsg.), 1967, Studies on glaciers preceeded by the discourse of Neuchâtel by Louis Agassiz, Hafner, New York. Diese Quelle wurde weitgehend in Kap. 1 benutzt.

Charlesworth, J. K., 1957, The Quaternary Era with special reference to its glaciation, 2 Bde., Edward Arnold, London. Diese Quelle wurde weitgehend beim Schreiben von Kap. 9 benutzt.

CLIMAP-Projekt-Mitglieder, 1976, The surface of the ice-age earth (Die Oberfläche der Eiszeiterde), Science, 191, S. 1131-1144.

Collomb, E., 1847, Preuves de l'existence d'anciens glaciers dans les vallées des Vosges, Victor Masson, Paris.

Kommission für die Erforschung der Plio-Pleistozän-Grenze, 1948, Int. Geol. Congr. Rep., 18th Session, Great Britain, 9.

Conrad, T. A., 1839, Notes on American Geology (Anmerkungen zur amerikanischen Geologie), Amer. Jour. Sci., 35, S. 237-251.

Cox, A., R. R. Doell und G. B. Dalrymple, 1963, Geomagnetic polarity epochs and Pleistocene geochronometry (Geomagnetische Polaritätsepochen und Pleistozän-Geochronometrie), Nature, London, 198, S. 1049-1051. Diese Quelle wurde weitgehend beim Schreiben von Kap. 13 benutzt.

Cox, A., R. R. Doell und G. B. Dalrymple, 1964, Reversals of the earth's magnetic field (Umkehrungen des Magnetfelds der Erde), Science, 144, S. 1537-1543.

Croll, J., 1864, On the physical cause of the change of climate during geological epochs (Über die physikalische Ursache der Klimaveränderung in geologischen Epochen), Philosophical Magazine, 28, S. 121-137.

Croll, J., 1865, On the physical cause of the submergence of the land during the glacial epoch (Über die physikalische Ursache des Untergangs des Festlands in der Eiszeit), The Reader, 6, S. 435-436.

Croll, J., 1867, On the excentricity of the earth's orbit, and its physical relations to the glacial epoch (Über die Exzentrizität der Erdumlaufbahn und ihre physikalischen Beziehungen zur Eiszeit), Philosophical Magazine, 33, S. 119-131.

Croll, J., 1867, On the change in the obliquity of the ecliptic, its influence on the climate of the polar regions and on the level of the sea (Über die Veränderung in der schiefen Lage der Ekliptik, ihr Einfluß auf das Klima der Polarregionen und auf den Meeresspiegel), Philosophical Magazine, 33, S. 426-445.

Croll, J., 1875, Climate and time, Appleton & Co., New York. Diese Quelle wurde weitgehend beim Schreiben von Kap. 5 und 6 benutzt.

Dana, J. D., 1894, Manual of geology, American Book Co., New York.

Denton, G. H. und W. Karlén, 1973, Holocene climatic variations – their pattern and possible cause (Klimaschwankungen im Holozän – ihr Muster und mögliche Ursache), Quaternary Research, 3, S. 155-205.

Dunbar, C. O., 1960, Historical geology, 2. Ausg., John Wiley & Sons, New York. Diese Quelle wurde weitgehend beim Schreiben von Kap. 2 benutzt.

Eberl, B., 1930, Die Eiszeitfolge im nördlichen Alpenvorland, Dr. Benno Filser, Augsburg.

Eddy, J. A., 1977, The case of the missing sunspots (Der Fall der fehlenden Sonnenflecken), Scientific American, 236, S. 80-92.

Emiliani, C., 1955, Pleistocene temperatures (Temperaturen des Pleistozän), Journ. Geol., 63, S. 538-578.

Emiliani, C., 1966, Paleotemperature analysis of Caribbean cores P6304-8 and P6304-9 and a generalized temperature curve for the past 425 000 years (Paläotemperatur-Analyse an Karibikkernen P6304-8 und P6304-9 und eine verallgemeinerte Temperaturkurve für die letzten 425 000 Jahre), Journ. Geol., 74, S. 109-126.

Epstein, S., R. Buchsbaum, H. Loewenstam und H. C. Urey, 1951, Carbonate-water isotopic temperature scale, Geol. Soc. Amer. Bull., 62, S. 417-425.

Ericson, D. B., W. S. Broecker, J. L. Kulp und G. Wollin, 1956, Late-Pleistocene climates and deep-sea sediments (Spätpleistozäne Klimate und Tiefseesedimente), Science, 124, S. 385-389.

Ericson, D. B., M. Ewing und G. Wollin, 1963, Pliocene-Pleistocene boundary in deep-sea sediments (Pliozän-Pleistozän-Grenze in Tiefseesedimenten), Science, 139, S. 727-737.

Ericson, D. B., M. Ewing, G. Wollin und B. C. Heezen, 1961, Atlantic deep-sea sediment cores (Tiefseesedimentkerne aus dem Atlantik), Geol. Soc. Amer. Bull., 72, S. 193-286.

Ericson, D. B. und G. Wollin, 1968, Pleistocene climates and chronology in deep-sea sediments (Pleistozän-Klimate und -Chronologie in Tiefseesedimenten), Science, 162, S. 1227-1234.

Evernden, J. F., D. E. Savage, G. H. Curtis und G. T. James, 1964, Potassium-argon dates and the Cenozoic mammalian chronology of North America (Kalium-Argon-Daten und die känozoische Säugetierchronologie von Nordamerika), Amer. Journ. Science, 262, S. 145-198.

Ewing, M. und W. L. Donn, 1956, A theory of ice ages (Eine Theorie der Eiszeiten), Science, 123, S. 1061-1066.

Fagan, B. M., 1977, People of the earth, Little, Brown & Co., Boston.

Fairbridge, R. W., 1961, Convergence of evidence on climatic change and ice ages (Annäherung von Beweisen für Klimaveränderung und Eiszeiten), Annals New York Acad. Science, 95, S. 542-579.

Flint, R. F., 1965, Deep-sea stratigraphy (Tiefseestratigraphie), Science, 149, S. 660-661.

Flint, R. F., 1965, Introduction: Historical perspectives (Einführung: Historische Perspektiven), in: The Quaternary of the United States, (H. E. Wright, Jr. und D. G. Frey, Hrsg.), Princeton Univ. Press, Princeton, S. 3-11. Diese Quelle wurde weitgehend beim Schreiben von Kap. 3 benutzt.

Flint, R. F., 1971, Glacial and Quaternary Geology, John Wiley & Sons, New York. Diese Quelle wurde weitgehend beim Schreiben von Kap. 1-4 und 9 benutzt.

Flint, R. F. und M. Rubin, 1955, Radiocarbon dates of pre-Mankato events in eastern and central North America (Radiokarbon-Daten von Prä-Mankato-Ereignissen in Ost- und Zentralnordamerika), Science, 121, S. 649-658.

Forbes, E., 1846, On the connexion between the distribution of the existing fauna and flora of the British Isles, and the geological changes which have affected their area, especially during the epoch of the northern drift (Über den Zusammenhang zwischen der Verteilung der vorhandenen Fauna und Flora auf den Britischen Inseln und die geologischen Veränderungen, die ihr Gebiet beeinträchtigt haben, besonders in der Epoche der nördlichen Drift, Great Britain Geol. Survey, Mem., 1, S. 336-432.

Frenzel, B., 1973, Climatic fluctuations of the ice age, (Übers. von A. E. M. Nairn), Case Western Reserve Univ. Press, Cleveland und London.

Geikie, A., 1863, On the phenomena of the glacial drift of Scotland (Über das Phänomen der Gletscherdrift in Schottland), Geol. Society Glasgow, Trans., 1, S. 1-190.

Geikie, A., 1875, Life of Sir Roderick I. Murchison, 2 Bde., John Murrey, London.

Geikie, J., 1874-94, The great ice age: 1. Ausg., W. Isbister, London, 1874; 2. Ausg., Daldy. Isbister & Co., London, 1877; 3. Ausg., Stanford, London, 1894. Diese Quellen wurden weitgehend bei der Vorbereitung von Kap. 3 und 7 benutzt.

Gilbert, G. K., 1890, Lake Bonneville (Bonneville See), U.S. Geological Survey, Monograph 1, U.S. Government Printing Office, Washington, S. 1-438.

Goldthwait, R. P., A. Dreimanis, J. L. Forsyth, P. F. Carrow und G. W. White, 1965, Pleistocene deposits of the Erie Lobe (Pleistozäne Ablagerungen des Erie Lobe), in: The Quaternary of the United States, (H. E. Wright, Jr. und D. G. Frey, Hrsg.), Princeton Univ. Press, Princeton, S. 85-97.

Hansen, B., 1970, The early history of glacial theory in British geology (Die Frühgeschichte der Gletschertheorie in der britischen Geologie), Journ. Glaciol., 9, S. 135-141.

Harrison, C. G. A. und B. M. Funnel, 1964, Relationship of paleomagnetic reversals and micropaleontology in two late Cenozoic cores from the Pacific Ocean (Beziehung zwischen paläomagnetischen Umkehrungen und Mikropaläontologie in zwei spätkänozoischen Kernen aus dem Pazifischen Ozean), Nature, London, 204, S. 566.

Hays, J. D. und W. A. Berggren, 1971, Quaterbary boundaries and correlations (Quartär-Grenzen und Korrelationen), in: Micropaleontology of the oceans, (B. M. Funnel und W. R. Riedel, Hrsg.), Cambridge University Press, S. 669-691.

Hays, J. D., J. Imbrie und N. J. Shackleton, 1976, Variations in the earth's orbit: pacemaker of the ice ages (Schwankungen in der Erdumlaufbahn: Schrittmacher der Eiszeiten), Science, 194, S. 1121-1132.

Hays, J. D. und N. D. Opdyke, 1967, Antarctic Radiolaria, magnetic reversals, and climatic change (Antarktische Radiolarien, Magnetumkehrungen und Klimaveränderung), Science, 158, S. 1001-1011.

Heezen, B. C. und M. Ewing, 1952, Turbidity currents and submarine slumps, and the 1929 Grand Banks earthquake (Schlammströmungen und Unterwassersetzzonen sowie das Erdbeben auf den Grand Banks von 1929), Amer. Journ. Science, 250, S. 849-873.

Hitchcock, E., 1841, First anniversary address before the Association of American Geologists, at their second annual meeting in Philadelphia, April 5, 1841 (Ansprache zum ersten Jahrestag vor der Association of American Geologists auf ihrer zweiten Jahresversammlung in Philadelphia am 5. April 1841), Amer. Journ. Sci., 41, S. 232-275.

Hutton, J., 1795, Theory of the earth, Bd. 2, William Creech, Edinburgh. (Nachdruck 1959 als Reproduktion, Hafner, New York).

Imbrie, J. und John Z. Imbrie, in Vorbereitung, Low-frequency components of past and future climatic trends: a model based on the astronomical theory of the ice ages (Komponente vergangener und künftiger Klimatrends geringer Frequenz: ein Modell, basierend auf der Astronomischen Theorie der Eiszeiten).

Imbrie, J. und N. G. Kipp, 1971, A new micropaleontological method for quantitative paleoclimatology: application to a late Pleistocene Caribbean core (Eine neue mikropaläontologische Methode für quantitative Paläoklimatologie: Anwendung auf einen Karibikkern des späten Pleistozän), in: Late Cenozoic glacial ages, (K. K. Turekian, Hrsg.), Yale Univ. Press, New Haven, S. 71-181.

Lamb, H. H., 1969, Climatic fluctuations (Klimaschwankungen), in: World survey of climatology, 2, General climatology, (H. Flohn, Hrsg.), Elsevier, New York, S. 173-249. Diese Quelle wurde weitgehend beim Schreiben von Kap. 16 benutzt.

Leverrier, U., 1843-1855, Connaissance des temps, 1843; Annales de l'Observatoire Impérial de Paris, II, 1855.

Libby, W. F., 1952, Radiocarbon dating, Univ. Chicago Press, Chicago.

Ludlum, D., 1966, Early American winters: 1604-1820, American Meterological Soc., Boston.

Lurie, E., 1960, Louis Agassiz: a life in science, Univ. Chicago Press, Chicago.

Lyell, C., 1830-1833, Principles of geology, John Murray, London; Bd. 1, 1830; Bd. 2, 1832; Bd. 3, 1833.

Leyell, C., 1839, Nouveaux éléments de géologie, Pitois-Levrault, Paris.

Lyell, C., 1865, Elements of geology, John Murray, London. Diese Quelle wurde weitgehend beim Schreiben von Kap. 7 benutzt.

Maclaren, C., 1841, The glacial theory of Professor Agassiz of Neuchâtel, The Scotsman office, Edinburgh, Nachdruck, 1842, in: Amer. Journ. Sci., 42, S. 346-365.

Marcou, J., 1896, Life, letters, and works of Louis Agassiz, Macmillan, New York.

Matuyama, M., 1929, On the direction of magnetisation of basalt in Japan, Tyôsen and Manchuria (Über die Richtung von Magnetisierung von Basalt in Japan, Tyôsen und der Mandschurei), Imperial Acad. of Japan Proc., 5, S. 203-205.

McDougall, I. und D. H. Tarling, 1963, Dating of polarity zones in the Hawaiian Islands (Datierung von Polaritätszonen auf den Inseln von Hawaii), Nature, London, 200, S. 54-56.

Irons, J. C., 1896, Autobiographical sketch of James Croll, with memoir of his life and work, Edward Stanford, London. Diese Quelle wurde weitgehend beim Schreiben von Kap. 6 benutzt.

Jamieson, T. F., 1865, On the history of the last geological changes in Scotland (Über die Geschichte der letzten geologischen Veränderungen in Schottland), Quart. Journ. Geol. Soc., London, 21, S. 161-195.

Kennett, J. P., 1977, Cenozoic evolution of Antarctic glaciation, the Circum-Antarctic Ocean, and their impact on global paleoceanography

(Känozoische Evolution der Antarktisvergletscherung, der umgebende Antarktische Ozean und ihre Auswirkung auf globale Paläozeanographie), Journ. Geophys. Res., 82, S. 3843-3860.

Köppen, W. und A. Wegener, 1924, Die Klimate der geologischen Vorzeit, Gebrüder Bornträger, Berlin. Diese Quelle wurde weitgehend beim Schreiben von Kap. 8 benutzt.

Kukla, G. J., 1968, Current Anthropology, 9, S. 37-39.

Kukla, G. J., 1970, Correlation between loesses and deep-sea sediments (Korrelation zwischen Lößschichten und Tiefseesedimenten), Geol. Fören, Stockholm Förh., 92, S. 148-180.

Kukla, G. J., 1975, Loess stratigraphy of Central Europe (Lößstratigraphie von Zentraleuropa), in: After the Australopthecines, (K. W. Butzer und G. L. Isaac, Hrsg.), Mouton, Den Haag, S. 99-188. Diese Quelle wurde weitgehend beim Schreiben von Kap. 9 benutzt.

Kullenberg, B., 1947, The piston core sampler (Der Kolben-Kernheber), Svenska Hydro-Biol. Komm. Skrifter, S. 3, Bd. 1, Hf. 2, S. 1-46.

Lamb, H. H., 1966, The changing climate: selected papers, Methuen, London.

McIntyre, A., W. F. Ruddiman und R. Jantzen, 1972, Southward penetrations of the North Atlantic polar front: Faunal and floral evidence of large-scale surface water mass movements over the past 225 000 years (Durchdringungen der nordatlantischen Polarfront nach Süden: Fauna- und Florabeweise für Bewegungen großer Oberflächenwassermassen in den letzten 225 000 Jahren), Deep-sea Research, 19, S. 61-77.

Mesolella, K. J., R. K. Matthews, W. S. Broecker und D. L. Thurber, 1969, The astronomical theory of climatic change: Barbados data (Die Astronomische Theorie der Klimaveränderung: Barbados-Daten), Journ. Geol. 77, S. 250-274.

Milankovich, M., 1920, Théorie mathématique des phénomènes thermiques produits per la radiation solaire, Gauthier-Villars, Paris.

Milankovich, M., 1930, Mathematische Klimalehre und astronomische Theorie der Klimaschwankungen, in: Handbuch der Klimatologie, I (A), (W. Köppen und R. Geiger, Hrsg.), Gebrüder Bornträger, Berlin, S. 1-176.

Milankovich, M., 1936, Durch ferne Welten und Zeiten, Koehler und Amalang, Leipzig. Diese Quelle wurde weitgehend bei der Vorbereitung von Kap. 8 benutzt.

Milankovich, M., 1938, Astronomische Mittel zur Erforschung der erdgeschichtlichen Klimate, Handbuch der Geophysik, 9, (B. Gutenberg, Hrsg.), Berlin, S. 593-698.

Milankovich, M., 1941, Kanon der Erdbestrahlung und seine Anwendung auf das Eiszeitenproblem, Royal Serb. Acad. Spec. Publ., 133, Belgrad,

S. 1-633. Englische Übersetzung veröffentlicht 1969 vom Israel Program for Scientific Translations, verfügbar durch das US Department of Commerce. Diese Quellen wurden weitgehend beim Schreiben von Kap. 8 benutzt.

Milankovich, M., 1952, Memories, experiences and perceptions from the years 1909-1944 (Erinnerungen, Erfahrungen und Wahrnehmungen aus den Jahren 1909-1944), Serb. Acad. Sci., CXCV, S. 1-322 (in Serbokroatisch).

Milankovich, M., 1957, Astronomische Theorie der Klimaschwankungen, ihr Werdegang und Widerhall, Serb. Acad. Sci, Mono., 280, S. 1-58.

Mitchell, J. M., Jr., 1963, On the world-wide pattern of secular temperature change (Über das weltweite Muster säkularer Temperaturveränderung), in: Changes of climate, Arid Zone Research (Erforschung von Dürrezonen) XX, UNESCO, Paris, S. 161-181.

Mitchell, J. M., Jr., 1973, The natural breakdown of the present interglacial and its possible intervention by human activities (Der natürliche Zusammenbruch der gegenwärtigen Interglaziale und seine mögliche Intervention durch menschliche Aktivitäten), Quaternary Research, 2, S. 436-445.

Mitchell, J. M., Jr., 1977a, The changing climate (Das wechselnde Klima), in: Energy and climate, Studies in Geophysics, National Academy of Sciences, Washington, S. 51-58. Diese Quelle wurde weitgehend beim Schreiben von Kap. 16 benutzt.

Mitchell, J. M., Jr., 1977b, Carbon dioxide and future climate (Kohlendioxid und künftiges Klima), Environmental Data Service, March, U.S. Dept. Comm., S. 3-9. Diese Quelle wurde weitgehend beim Schreiben von Kap. 16 benutzt.

Murray, J., 1895, A summary of the scientific results obtained at the sounding, dredging, and trawling stations of H.M.S. Challenger (Eine Zusammenfassung der wissenschaftlichen Ergebnisse aus der Arbeit an Bord der »H.M.S. Challenger«), Rep. Scient. Res. Voy. H.M.S. Challenger, Summary, 1-2.

National Academy of Sciences, 1975, Understanding climatic change: a program for action, National Academy of Sciences, Washington. Diese Quelle wurde weitgehend beim Schreiben von Kap. 4 und 16 und des Epilogs benutzt.

North, F. J., 1942, Paviland Cave, the »Red Lady«, the deluge, and William Buckland (Paviland Höhle, die »Rote Lady«, die Sintflut und William Buckland), Annals of Science, 5, S. 91-128.

North, F. J., 1943, Centenary of the glacial theory (Hundertjahrfeier der Gletschertheorie), Proc. Geol. Assoc., 54, S. 1-28. Diese Quelle wurde weitgehend beim Schreiben von Kap. 1 und 2 benutzt.

Öpik, E. J., 1952, The ice ages (Die Eiszeiten), Irish Astronomical Journ., 2, S. 71-84.
Penck, A. und E. Brückner, 1909, Die Alpen im Eiszeitalter, Tauchnitz, Leipzig.
Phleger, F. B., F. L. Parker und J. F. Peirson, 1953, North Atlantic foraminifera (Foraminifera des Nordatlantik), Repts. Swedish Deep-Sea Expedition 1947-1948, 7, (H. Pettersson, Hrsg.), Elanders, Göteborg, S. 1-122.
Pilgrim, L., 1904, Versuch einer rechnerischen Behandlung des Eiszeitenproblems, Jahreshefte für vaterländische Naturkunde in Württemberg, 60.
Richthofen, Baron F. v., 1882, On the mode of origin of the loess, (Über den Ursprungsmodus des Löß), Geological Magazine, 9, S. 293-305.
Ruddiman, W. F. und A. McIntyre, 1976, Northeast Atlantic paleoclimatic changes over the past 600 000 years (Paläoklimatische Veränderungen im Nordostatlantik in den letzten 600 000 Jahren), in: Investigation of late Quaternary paleoceanography and paleoclimatology, (R. M. Cline und J. D. Hays, Hrsg.), Geol. Soc. Amer., Mem. 145, S. 111-146.
Rutten, M. G. und H. Wensink, 1960, Paleomagnetic dating, glaciations, and the chronology of the Plio-Pleistocene in Iceland (Paläomagnetische Datierung, Vergletscherung und die Chronologie des Plio-Pleistozän auf Island), Int. Geol. Congr. Sess. 21, pt. 4, S. 62.
Sarntheim, M., 1978, Sand deserts during glacial maximum (18 000 Y.B.P.) and climatic optimum (6000 Y.B.P.), (Sandwüsten im Gletschermaximum [vor 18 000 Jahren] und im Klima-Optimum [vor 6000 Jahren]), Nature, London, 272, S. 43-46.
Schaefer, I., 1953, Die donaueiszeitlichen Ablagerungen an Lech und Wertach, Geologica Bavarica, 19, S. 13-64.
Schott, W., 1935, Die Foraminiferen in dem äquatorialen Teil des Atlantischen Ozeans, Deutsche Altant. Exped. Meteor 1925-1927, Wiss. Ergebnisse, 3, S. 43-134.
Shackleton, N., 1967, Oxygen isotope analyses and Pleistocene temperatures re-assessed (Nachgeprüfte Sauerstoffisotop-Analysen und Pleistozäntemperaturen), Nature, London, 215, S. 15-17.
Shackleton, N. J. und N. D. Opdyke, 1973, Oxygen isotope and paleomagnetic stratigraphy of equatorial Pacific core V28-238: oxygen isotope temperatures and ice volumes on a 10^5 and 10^6 year scale (Sauerstoffisotop- und paläomagnetische Stratigraphie des Kerns V28-238 aus dem äquatorialen Pazifik: Sauerstofftemperaturen und Eismengen auf einer 10^5- und 10^6-Jahr-Skala), Quaternary Research, 3, S. 39-55.
Soergel, W., 1925, Die Gliederung und absolute Zeitrechnung des Eiszeitalters, Fortschr. Geol. Paläont., Berlin, 13, S. 125-251.

Teller, J. D., 1947, Louis Agassiz, scientist and teacher, The Ohio State Univ. Press, Columbus.
Urey, H. C., 1947, The thermodynamic properties of isotopic substances (Die thermodynamischen Eigenschaften isotoper Substanzen), J. Chem. Soc., S. 562-581.
Van den Heuvel, E. P. J., 1966, On the precession as a cause of Pleistocene variations of the Atlantic Ocean water temperatures (Über die Präzession als eine Ursache von Schwankungen in der Wassertemperatur des Atlantischen Ozeans im Pleistozän), Geophys. J. R. Astr. Soc.; 11, S. 323-336.
Vernekar, A. D., 1972, Long-period global variations of incoming solar radiation (Langfristige globale Variationen der einfallenden Sonnenstrahlung), Meteorological Monographs, 12, Amer. Meorol. Soc., Boston.
Whittlesey, C., 1868, Depression of the ocean during the ice period (Depression des Ozeans während der Eiszeit), Proc. Amer. Assoc. Adv. Sci. 16, S. 92-97.
Wilson, A. T., 1964, Origin of ice ages: an ice shelf theory for Pleistocene glaciation (Ursprung der Eiszeiten: eine Eisschelftheorie für die Pleistozänvergletscherung), Nature, London, 201, S. 147-149.
Wright, H. E., Jr., 1971, Late Quaternary vegetational history of North America (Vegetationsgeschichte von Nordamerika im späten Quartär), in: Late Cenozoic glacial ages, (K. K. Turekian, Hrsg.), Yale Univ. Press, New Haven, S. 425-464.
Zeuner, F. E., The Pleistocene Period, Hutchinson, London, 1959. Diese Quelle wurde weitgehend beim Schreiben von Kap. 9 benutzt.

VERZEICHNIS DER ABBILDUNGEN

1 – Die Erde heute und während der letzten Eiszeit
2 – Gletscherablagerung auf Cape Ann, Massachusetts
3 – Zerkratzter Stein aus einer Gletscherablagerung in Europa
4 – Zermatt-Gletscher in den Schweizer Alpen
5 – Ein Porträt von Louis Agassiz am Unteraar-Gletscher
6 – Geschliffenes Grundgestein nahe Neuchâtel, Schweiz
7 – Findlingsblock in Schottland
8 – Reverend Professor Buckland, ausgestattet als »Gletschermensch«
9 – Antarktisches Eisfeld
10 – Chamberlins Karte von Nordamerika während der letzten Eiszeit
11 – Uferlinien des alten Lake Bonneville, Utah
12 – Mehrfache Lößschichten in Schottland
13 – Verlauf der Jahreszeiten
14 – Daten von Tag-und-Nacht-Gleiche und Sonnenwende
15 – Präzession der Erde
16 – Präzession der Tag-und-Nacht-Gleichen
17 – Ellipsen mit unterschiedlichen Exzentrizitäten
18 – Umlaufexzentrizitäten, berechnet von James Croll
19 – Crolls Eiszeittheorie
20 – Foto von James Croll
21 – Folge von Fossilien enthaltenden Schichten nach Charles Lyell
22 – Lyells Klassifizierung der Erdgeschichte
23 – Moderne Klassifizierung der Känozoischen Ära
24 – Strahlungskurve von Milankovich für 65 Grad Nord
25 – Auswirkung der Achsenneigung auf die Verteilung des Sonnenlichts
26 – Milankovichs Strahlungskurve für verschiedene Breitengrade
27 – Milutin Milankovich
28 – Theoretische Aufeinanderfolge der nordamerikanischen Eiszeiten
29 – Theoretische Aufeinanderfolge der europäischen Eiszeiten
30 – Eberls Test der Milankovich-Theorie
31 – Fluktuationen des Randes der Eisdecke zwischen Indiana und Quebec
32 – Fossil vom Tiefseeboden
33 – Aufeinanderfolge von karibischen Eiszeiten nach Ericson und Emiliani
34 – Riffterrassen auf Neuguinea
35 – Astronomische Theorie der Barbados Meereshöhen
36 – Magnetische Geschichte der Erde

37 – Klimageschichte, ausgezeichnet in einer tschechoslowakischen Ziegelei
38 – Der 100 000-Jahr-Puls des Klimas
39 – Der »Rosetta-Stein« des späten Pleistozänklimas
40 – Klima der letzten halben Million Jahre
41 – Veränderungen in Exzentrizität, Neigung und Präzession
42 – Spektrum der Klimaschwankungen im Lauf der letzten halben Million Jahre
43 – Klima der letzten 10 000 Jahre
44 – Klima der letzten 100 Jahre
45 – Klima der letzten 1000 Jahre
46 – Der Argentière-Gletscher heute und im Jahr 1850
47 – Klimavoraussage bis zum Jahr 2100
48 – Klimavoraussage für die nächsten 25 000 Jahre
49 – Die letzte Milliarde Jahre des Klimas

PERSONEN– UND SACHREGISTER

Adhémar, Joseph Alphonse 77, 80, 95, 116
   Eiszeittheorie 77, 82f., 85
   »Revolutions of the Sea« 77, 87
Agassiz, Louis 17f., 20, 25-33, 35, 39, 41, 43f., 46f., 51, 55, 67, 99, 133
   »Discourse of Neuchâtel« 18, 69, 76
   Eiszeittheorie 27, 29, 47 ff.
   »Etude sur les glaciers« 31, 103
Albany (New York)
   Ausgrabung 34
Albatross-Expedition 152
d'Alembert, Jean le Rond 81
Alpengletscher 22
Alpenterrassen 187, 189
Amerika 62, 111
   Nord- 9, 59f., 104
Antarktis 74
Antarktischer Ozean 197
Arizona 62
Arrhenius, Gustav 152
Asien 10, 60
Association of American Geologists 49
Astronomische Theorie s.a.
   Milankovich-Theorie 77, 107, 110, 116, 119, 138, 144, 174f., 193, 200, 206f., 210, 218f.
Atlantischer Ozean 97, 152, 167
Australien 169
Auswaschungsablagerungen 53

Bakewell, Robert, Jr. 109
Ball, Robert 110
Barnes, John W. 170
Bé, Allan 197

Beaumont, Jean Baptiste Elie de 17f., 29
Berger, André 206, 218
Berggren, William A. 184
Bernhardi, Reinhard 20
Bonaparte, Charles Lucien 40
Brennstoff, fossile 222f.
British Association for the Advancement of Science 41
Broecker, Wallace S. 156, 163f., 166, 171, 173f., 185, 190, 193
Brown-Universität 196
Brückner, Eduard 123, 137f., 183, 187, 189
Brunhes, Bernard 177ff.
Brunhes-Epoche 179, 191, 196-200
Buch, Leopold von 17, 29
Buckland, William 35-38, 40-43, 53, 99, 133
   Theorie 36f., 40
Burckle, Lloyd 197

Challenger-Expedition 147ff.
Chamberlin, Thomas C. 104, 134
Charpentier, Jean de 21, 24ff.
Cline, Rose Marie 186, 196
CLIMAP-Projekt 196-200, 207
CLIMAP-Zeitskala 202
Collomb, Edouard 62
Conrad, Timothy 49
Cox, Allan 178
Croll, James 46, 87-101, 103f., 106ff., 110ff., 116, 126, 147, 192, 203f., 209
   »Climate and Time« 99
Cuvier, Baron George 35
Curtis, Garniss H. 179

Dalrymple, G. Brent 178
Dana, James D. 72, 108f.
Darwin, Charles 38
Datierungstechniken
  Kalium-Argon-Methode 170, 179
  Radiokarbon-Methode 140, 142ff., 171, 200
  Thorium-Methode 171
Denton, George 196, 221
Diatomeen s. Plankton
Diluvium 36, 38
Doell, Richard R. 178
Donk, Jan van 166, 189ff., 193, 196
Donn, William 74
Dreimanis, Alexis 144
Drift 44, 134
  Ablagerungen 134f., 144
  Definition 38
  -, Diluvialtheorie der 39
  Muschel- 46
Dudley, Governor von Massachusetts 34

Eberl, Barthel 138, 189
Eisschollentheorie s. *Lyell, Charles*
Eisdecke
  -, antarktische 74
  Dicke 57
  Grönlands 213f.
Eiszeiten s.a. Kleine Eiszeit 59, 214
  Ablagerungen 133f.
  Entstehung des Begriffs 27
  Haupteiszeiten 134
Eiszeitenfolge s.a. Günz, Mindel, Riß, Würm 135ff., 147
Eiszeittheorie 18, 41f., 44, 71
Emiliani, Cesare 156, 158, 161-168, 197, 199f., 204f.

»Pleistocene Temperatures« 163
Entgletscherung 60
Epstein, Samuel 161f.
Erde, Magnetfeld der, s.a. Feldumkehrhypothese 177, 179
Erdgeschichte 33
  Erforschung 105
Erdklimate
-, vergangene 122, 124
-, zukünftige 215
Erdkruste, Bewegungen der 72f.
Erdumlaufbahn 79
-, Exzentrizität der 91-96, 192
Ericson, David B. 153-159, 161, 165ff., 181, 197
  Klimakurve 155ff., 163
  »The Deep and the Past« 159
Ericson-Emiliani-Debatte 164, 166
Esmark, Jens 20
Europa 9f., 47, 60, 104, 111, 215
Evernden, Jack F. 179
Ewing, Maurice 74, 153ff., 159, 161, 180
Ewing-Donn-Theorie 75f.

Fairbridge, Rhodes W. 169
Fermi, Enrico 161
Feldumkehrhypothese 177ff.
Findlinge 18, 20, 22, 54
Findlingsblöcke s. Findlinge
Flint, Richard F. 142f., 164
Florida State University (Tallahassee) 204
Foraminifera s. Plankton
Forbes, Edward 44, 104f., 183
Forfarshire 42
Frühlingsäquinoktium 79
Funnel, Brian 180f.

Geikie, Archibald 63, 99
Geikie, James 73, 108, 110f.

»The Great-Ice Age« 103f.
Geological Society (London) 42
Geological Survey (USA) 52, 62, 153, 178
Geological Survey of Scotland 99
Gesellschaft deutscher Naturforscher 39
Gilbert, Grove K. 62
Gletscher
  Flesch- (Schweiz) 22
  Gleichgewichtsposition 52f.
  Grimsel- (Schweiz) 25
  Größe 52
  Spannungsbrüche 74
Gletscherablagerungen s. Mörane, Drift, Gletscherton, Auswaschungsablagerungen
Gletscherbewegungen 22, 52
  Geschwindigkeit 52
Gletscherströmung 54
Gletschertheorie 18, 33, 50
Gletscherton 53
Globorotalia menardii (Foram) 151, 155, 157, 167
Goddard, John 173
Godwin, Harry 198
Goldthwait, Richard P. 144
Golfstrom 97
Graham, John 180
Gressöy, Amanz 29
Grönland 213
Günz-Eiszeit 136f., 187

Harrison, Christopher G.A. 180f.
Haupthimmelsrichtung 79
Hays, James D. 181f., 184f., 195f., 203, 205
Heath, Ron 196
Heezen, Bruce C. 155
Hemisphäre
-, nördliche 80f., 203f.
-, südliche 80, 83, 203f.

Herbstäquinoktium 79
Heuvel, E. P. van den 200, 202
Hipparchus 80
Hitchcock, Edward 49
Holozän-Epoche 105, 214, 219
Howorth, Sir Henry 50
Humboldt, Alexander von 31, 83
Hutson, William 196
Hutton, James 20

IDOE (International Decade of Ocean Exploration Programm) 196
Illinois Geological Survey 63
Imbrie, John 202
Indischer Ozean 209, 210
Isotopen-Temperaturmethode 156, 158, 166ff., 200

Jamieson, Thomas F. 59
Japan 177
Jaramillo-Normalereignis 179

Känozoikum 104
Kalium 170
Kaltwasserspezies 183f.
Karlén, Wibjörn 221
Katastrophismus 33, 35
Kepler, Johann 77f.
Khramov, A.N. 178
Kipp, Nilva 166f.
Kleine Eiszeit 219, 221
- -Zyklus 222, 224
Klima (Erde) 85, 115f., 121
  Geschichte, geologische 133, 147, 149, 154
  Erwärmung 53
  -Theorie 133
  -System 68, 73, 75
  -Veränderungen 70ff.
  -Voraussagen 217f., 221
  -Zyklus 208, 209, 222

Kohlendioxyd: Klimaauswirkungen 71, 222f.
Köppen, Wladimir 121ff., 133, 138, 189
»Klimate der geologischen Vergangenheit« 125
Korea 177
Küstenlinien 59
Kuhn, Bernard Friedrich 20
Kukla, George 185ff., 189f., 192, 196, 206
Kullenberg, Björe 151
Kullenberg-Kernbohrer 151, 154
Kulp, J. Laurence 156

La Chaux-de-Fonds 29
Ladd, John 198
Lake Superior 60
Lamb, Herbert H. 219
Lamont Geological Observatory (Columbia University) 74, 154, 163, 196
Tiefseekernsammlung 180f.
Leverrett, Frank 134
Leverrier, Urbain 91ff., 99, 117
Libby, Willard, F. 140, 161
Löß (Ablagerungen) 104, 185
Definition 60
Erklärung 61
in Frankreich 62
Ložek, Vojen 185
Lowell, John Amory 49
Ludlum, David M. 219
Lyell, Charles 21, 42, 44, 48, 99, 109, 183
Eisschollentheorie 21, 24, 26, 38f., 72
»Principles of Geology« 38

Maclaren, Charles 55
Magnetzeitskala 193
Maine-Universität 196

Mars 121
Mather, Cotton 34
Matthew, Robley K. 171f., 174, 185, 196
Matuyama, Motonori 177ff.
Matuyama-Epoche 179
McDougall, Ian 178
McGee, W. J. 63
McIntyre, Andrew 190f., 195f.
Meeresablagerungen 59
Meeresboden: Untersuchung 147ff., 150
Meeresfossilien 46, 59, 150
Meeresspiegel 57, 169ff.
Absinken 58ff., 74
Anstieg 60
während der Eiszeit 58f.
Meeresströmungen 98
Menardii-Zonen 156-159, 197
Mesolella, Kenneth 173f., 192, 206
Meteor-Expedition 150
Milankovich, Milutin 112-131, 137-140, 144, 158, 164, 183, 193, 200, 210
Mathematische Strahlungstheorie 126ff., 143, 147, 169ff., 189, 192, 205, 209
Anwendung auf das Eiszeitenproblem 129
Gegner seiner Theorie 139f.
Milankovich-Kontroverse 133ff.
Milankovich, Vasko 129
Mindel-Eiszeit 136f., 187
Mitchell, J. Murray, Jr. 149, 222, 216f.
Moore, Ted C., Jr. 196
Moräne 11, 22, 221
End- 53
Murchison, Roderick Impey 42
Mutch, Thomas A. 173

National Science Foundation 165, 196
Naturreligion 36
Neuchâtel (Schweiz) 18, 21, 29, 39f., 49
Neuengland 60, 219
Nevada 62
Newberry, John S. 63
Newton, Isaac
  Schwerkraftgesetz 92
  Allgemeine Strahlungstheorie 117f.
Niagara Falls 109f.
Nordpol 81

Opdyke, Neil D. 182f., 185, 196, 198, 200
Oldoway-Normalereignis 179, 184
Oregon-State-Universität 196

Paläomagnetische Methode 184
Paläomagnetische Revolution 181
Parker, Frances L. 153
Pazifischer Ozean 195, 207
Peirson, Jean F. 153
Penck, Albrecht 123, 135, 137f., 183, 187, 189
Penck-Brückner-Schema 136f., 139, 189
Perraudin, Jean-Pierre 21f., 24
Pettersson, Hans 152f., 163
Philosophical Magazine 91
Phleger, Fred B. 153f.
Pickering, Tal von (Yorkshire) 36
Piggot, Charles S. 150
Pilgrim, Ludwig 117f.
Pisias, Niklas G. 207
Plankton 148f.
  Isotopenzusammensetzung 162f.
Pleistozän 105f., 168, 177, 200, 207

Ablagerungen 214
Datierung von Fossilien 140
Dauer 183
Haupteiszeiten 190
Klimate 152, 156, 159, 185f.
Plankton 150
Temperaturen 161ff.
Vergletscherungen 106
Polaris 81
Polarstern s. Polaris
positive feedback 95
Post-Pliozän 104f.
Prell, Warren 196
Princeton-Universität 196

Quartär 105

Radiokarbon-Methode s. Datierungstechniken
Radiolaria s. Plankton
Richthofen, Ferdinand von 60f.
Riß-Eiszeit 136f., 187
Riffterrassen
  auf den Bahamas 171, 173
  auf Barbados 172f.
  auf Eniwetok 171
  auf Florida Keys 171, 173
  auf Hawaii 174
  auf Neuguinea 174
Rubin, Meyer 142f.
Ruddiman, William 191f.
Rutten, Martin G. 178.

Saito, Tsunemasa 197f.
Sarnthein, Michael 215
Schaefer, Ingo 139, 187
Scheuchzer, Johan 34f.
  »Homo diluvii testis« 35
Schimper, Karl 27, 29
Schmelzwasserströme 53
Schneegrenze 126
Schott, Wolfgang 150f., 166

Schweizer Gesellschaft für Naturwissenschaften 18, 20, 22, 27, 29
Schweizer Terrassen: Untersuchung 137f.
Scripps Institut für Ozeanographie (Kalifornien) 152f.
Shackleton, Nicholas 168, 196, 198ff., 200, 205
Sintflut 36
Sintfluttheorie 11, 20, 34f., 39
Skandinavien 59f., 215
Soergel, Wolfgang 138
Sommersonnenwende 79f.
Sonnenstrahlung 126
Sonnentheorie 69f.
Spannungsbruchtheorie s. *Wilson, Alex*
Spektralanalyse 200, 202
St. Anthony, Fälle von 110
Stansbury, Cap. Howard 62
Stochastische Theorie 76
Strahlungs-Feedback 69
Superinterglaziale 223

Talwain, Manik 180
Tag-und-Nacht-Gleichen 79f.
-, Präzession der 81, 85, 95, 192
Tarling, Donald H. 178
Thomson, C. Wyville 147
Thorium 170
Thurber, David 171
Tiefseekerne 154, 195
   Analyse 214
   Gewinnungsproblem 151
   E 49-18 204
   RC 11-120 203f.
   V 12-122 166, 189
   V 28-238 198, 202, 207
   U-Zone 158
   Y-Zone 158
   Z-Zone 157

Timocharis 80
Tundragürtel 10
Turekian, Karl 163

Uran 170
Urey, Harold C. 162f., 168
   Temperaturmethode 162
Utah 62

Val de Bagnes (Schweiz) 21f.
Vegetationsgürtel 215
Venetz, Ignace 22, 24, 26
Venus 121
Vernekar, Anadu D. 205f.
Vielfaktor-Methode für Klimaanalyse 165ff., 185, 195
Vulkan: Krakatau 72
Vulkanausbrüche 71f.
Vulkanstaubtheorie 72

Watkins, Norman 204
Wegener Alfred 121f., 124f., 133f., 138, 189
   »Klimate der geologischen Vergangenheit« 125
   Theorie der Kontinentalverschiebung 124
Weltraum: Staubkonzentration 70f.
Whittlesey, Charles 58
Wilson, Alex T. 73
   Spannungsbruchtheorie 75f.
Winchell, Newton H. 110
Wintersonnenwende 79f.
Wisconsin-Drift 142
Wollin, Goesta 155f., 159, 166
   »The Deep and the Past« 159
Woods Hole Ozeanographisches Institut (Cape Cod) 153, 185
Worthen, Amos H. 63
Würm-Eiszeit 136f., 187, 189